王庄 高连平 宋培娟 / 编著

从新手到高手

AI+Photoshop 2025 从新手到高手（微课版）

清華大学出版社
北京

内容简介

本书是一本专为Photoshop初学者量身打造的教程，借助丰富的案例，深入浅出地讲解了融合人工智能（以下简称AI）技术的Photoshop 2025的核心功能和操作技巧。

全书共8章。第1章详细介绍了Photoshop 2025的全新工作界面及新增功能；第2章系统讲解了Photoshop中的常用工具及其使用方法；第3章深入剖析了图层的基础知识与高级应用方法；第4章聚焦于选区与蒙版的灵活运用；第5章全面阐述了Photoshop中的调色技巧；第6章展示了如何巧妙利用Photoshop的"万花筒"滤镜等工具，轻松打造出惊艳的特效；第7章探索Photoshop与Adobe Firefly中的AI功能，通过实际案例演示如何巧妙运用这些智能工具，从而大幅提升设计效率。第8章进一步将AI功能融入日常设计流程中，展示如何借助AI实现更为便捷的创作过程和更出色的设计效果。

本书不仅适合Photoshop新手快速入门学习，也能够帮助有一定基础的设计人员深入挖掘新版本的各项技能。对于平面设计爱好者、UI设计师、电商设计师等专业人士来说，本书更是提升工作效率与创作水平的得力助手。同时，本书内容翔实、结构明晰，非常适合作为相关院校及培训机构的教材。

图书在版编目（CIP）数据

AI+Photoshop 2025从新手到高手 : 微课版 / 王庄, 高连平, 宋培娟编著.
北京 : 清华大学出版社, 2025. 4. -- (从新手到高手). -- ISBN 978-7-302-69022-1

I. TP18；TP391.413

中国国家版本馆CIP数据核字第2025PQ2782号

责任编辑：陈绿春
封面设计：潘国文
责任校对：徐俊伟
责任印制：沈　露

出版发行：清华大学出版社
网　址：https://www.tup.com.cn，https://www.wqxuetang.com
地　址：北京清华大学学研大厦A座　　邮　编：100084
社 总 机：010-83470000　　邮　购：010-62786544
投稿与读者服务：010-62776969，c-service@tup.tsinghua.edu.cn
质量反馈：010-62772015，zhiliang@tup.tsinghua.edu.cn
印 装 者：天津鑫丰华印务有限公司
经　销：全国新华书店
开　本：188mm×260mm　　印　张：12.5　　字　数：417千字
版　次：2025年6月第1版　　印　次：2025年6月第1次印刷
定　价：79.00元

产品编号：109246-01

前言

PREFACE

Photoshop 是 Adobe 公司推出的一款专业图像处理软件，专门用于处理由像素构成的数字图像。在 Photoshop 2025 版本中，软件结合了人工智能生成（AIGC）技术，进行了创新的升级，从而显著提高了操作效率和功能表现。借助智能工具，用户可以更快速地达到预期效果，简化了烦琐的传统操作流程，进一步激发了用户的创作潜力。

本书特别为 Photoshop 初学者量身定制，内容全面覆盖，从软件界面认识和工具使用开始讲解，逐步深入到基础操作及高级设计技巧的应用。本书旨在帮助读者从零基础开始，稳步提升 Photoshop 使用技能，最终掌握核心技术与高级技法，实现专业级别的创作能力。

- **编写目的**

在设计领域，Photoshop 一直发挥着不可或缺的重要作用，其应用范围极为广泛，涉及图像处理、图形设计、文字排版等诸多方面。熟练掌握 Photoshop 使用技能，几乎能够满足绝大多数图像处理和创意设计的需求。凭借强大的图片编辑与图像合成功能，Photoshop 助力设计师轻松应对从简单照片修饰到复杂图像合成的各种任务。特别是在 Photoshop 2025 版本中，新增的 AI 功能更显著提升了操作的便捷性和高效性。

本书致力于全面介绍 Photoshop 2025 的使用方法与技巧，并深入剖析其广泛应用场景。通过结合当前热门行业的实际案例进行实训，本书逐步引导读者掌握核心技能，并能够灵活运用 Photoshop 2025，真正实现学以致用的目标。

- **本书特点**

① 快速从零起步，软件技术全面掌握

本书完全从初学者的角度出发，循序渐进地对 Photoshop 的常用工具、各项功能及技术要点进行了详尽而全面的阐释。读者只需遵循书中的指导逐步练习，即便毫无基础，也能实现对 Photoshop 的全面掌握。

除了基础内容的讲解，书中还特意安排了延伸讲解、答疑解惑和实用提示，旨在为读者提供对相关概念、操作技巧及注意事项的深层次解读。本书堪称一本难得的全面指导手册，助力读者实现技能水平的飞跃提升。

② 紧跟 AI 步伐，快速拥抱时代变革

本书将重点围绕 Photoshop 2025 版本中的 AI 功能进行全面而详尽的介绍，同时也讲解了 Adobe Firefly 中的一系列 AI 功能。通过探索 AI 与 Photoshop 的深度结合，本书展示了如何高效运用智能工具进行设计创作，帮助读者快速掌握新版本软件所带来的创新与便利，为设计实践注入全新动力。

③ 52 个实战案例，设计知识全面覆盖

本书精心编撰，内容涵盖从单一工具的应用技巧到章节综合实战演练，再至系统化的完整设计案例。每个案例均配备了详尽的教学素材、高清视频教程及源文件，旨在确保读者的学习过程既便捷又高效。这些案例均经过作者的严格筛选与打磨，不仅涉及领域广泛，而且每一个案例都极具典型性和实用性，为广大读者提供了宝贵的参考范例和实践机会。

④ 123 分钟教学视频，轻松掌握软件应用

采用边看、边学、边做的互动式教学方式，旨在帮助读者更直观地领悟和掌握 Photoshop 实用技能，从而实现从新手到创作高手的迅速蜕变。

- **配套资源及技术支持**

本书的配套资源请扫描下面二维码进行下载，如果在下载过程中碰到问题，请联系陈老师（chenlch@tup.tsinghua.edu.cn），如果有技术性问题，请扫描下面的技术支持二维码，联系相关人员解决。

配套资源

技术支持

作者

2025 年 5 月

目录

第1章　新手启航：初识Photoshop 2025

第2章　工具宝箱：解锁你的设计利器

第3章 图层世界：视觉的叠加与管理

第4章 图像控制核心：选区与蒙版的应用之道

第5章 图像调整：调色全攻略

第6章 滤镜：美化与特效

第7章 AI绘图与智能填充：释放你的创意潜力

第8章 从AI到设计落地：综合实战案例

第1章

新手启航：初识 Photoshop 2025

本章主要讲解 Photoshop 的基础知识，同时深入介绍 Photoshop 2025 和 Adobe Firefly 的 AI 功能。通过学习，读者将熟悉软件的工作界面并掌握相关设置。在夯实软件基础的前提下，读者可以循序渐进地学习后续章节的内容，从而更好地驾驭这款功能强大的设计软件，轻松实现多样化的设计目标。

1.1 界面探索之旅

Photoshop 的工作界面设计简洁且实用，无论是工具的选取、面板的访问，还是工作区的切换，都极为便捷。此外，还可以根据个人喜好调整工作界面的亮度和颜色等显示参数，从而更好地显示图像。这些精心的设计改进，为用户带来了更加流畅、舒适且高效的创作体验。

1.1.1 工作界面组件

Photoshop 的工作界面由多个组件构成，包括菜单栏、标题栏、文档窗口、工具箱、选项栏、选项卡、状态栏以及面板等，如图1-1 所示。这些组件共同为用户提供了一个全面且高效的图像编辑环境。

图1-1

Photoshop 2025 的工作界面各区域功能说明如下。

- 菜单栏：集合了可以执行的各种命令。单击相应的菜单名称，即可展开菜单并执行所需的命令。
- 标题栏：主要显示文档的名称、文件格式、当前窗口的缩放比例以及颜色模式等关键信息。若文档中包含多个图层，标题栏还会实时展示当前正在编辑的图层名称。

- 工具箱：汇集了众多用于图像编辑的工具，例如创建选区、移动图像位置、绘画和绘图等操作，都可以通过工具箱中的工具来实现。
- 工具选项栏：用于设置当前所选工具的各种参数。它会根据用户选择的工具不同，动态调整并显示相应的参数。
- 面板：提供了多种功能面板，其中一些用于设置图像编辑的相关选项，如图层、色彩调整等，另一些则用于定义颜色属性等。
- 状态栏：位于工作界面的底部，用于实时显示当前文档的大小、尺寸信息，当前正在使用的工具，以及窗口的缩放比例等实用信息。
- 文档窗口：用于展示和编辑图像的主要区域，可以在此进行各种图像编辑操作。
- 选项卡：当同时打开多个图像文件时，Photoshop会通过选项卡的方式进行管理。只有一个图像会显示在窗口中，而其他图像则会最小化到选项卡中。用户只需单击选项卡上对应的文件名，即可快速切换到想要编辑的图像。

延伸讲解：执行“编辑”→“首选项”→“界面”命令，弹出“首选项”对话框。在“颜色方案”选项组中，可以调整工作界面的颜色，可选范围从黑色到浅灰色，共4种亮度方案，如图1-2 所示。

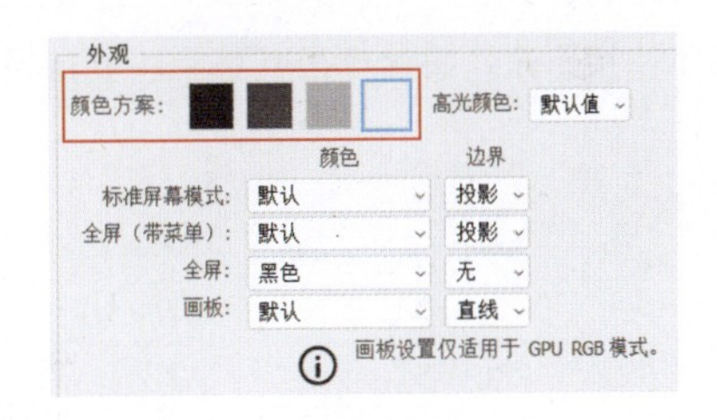

图1-2

1. 菜单栏

Photoshop 的菜单栏中，每个菜单都包含一系列命令，这些命令以不同的状态显示。只需熟悉每个菜单的特点，便能轻松掌握这些菜单命令的使用方法，如图1-3 所示。

单击任意一个菜单名称，即可展开其菜单。在该菜单中，不同功能的命令会用分隔线清晰隔开。当将鼠标指针悬停在“调整”命令上时，其子菜单会自动展开，如图1-4 所示。

文件(F)　编辑(E)　图像(I)　图层(L)　文字(Y)　选择(S)　滤镜(T)　3D(D)　视图(V)　增效工具　窗口(W)　帮助(H)

图1-3

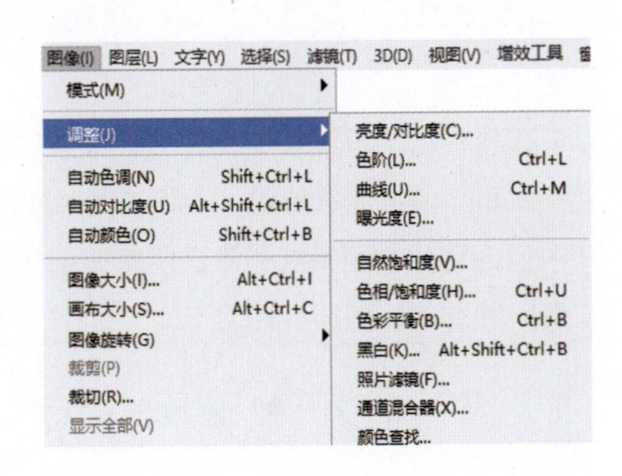

图1-4

答疑解惑：若菜单中的命令显示为灰色，意味着这些命令在当前状态下不可用。另外，当一个命令名称的右侧出现…符号时，表明执行该命令后会弹出一个对话框以供进一步操作。例如，若未创建任何选区，则“选择”菜单中的大部分命令都处于不可用状态；同样，若没有创建文字内容，“文字”菜单中的多数命令也无法使用。

2. 工具箱

工具箱位于 Photoshop 工作界面的左侧，可以根据个人使用习惯将其拖至其他位置。通过工具箱中提供的多样化工具，用户能够轻松进行选择、绘画、取样、编辑、移动、注释以及查看或调整图像等操作。当将鼠标指针悬停于工具箱中的某个工具按钮上，例如“移动”工具时，软件会显示一个工具提示框，并以动画形式展示该工具的使用方法，如图1-5 所示。

图1-5

单击工具箱中的工具按钮，即可选中相应的工具，如图1-6 所示。若工具按钮的右下角带有三角形图标，则表明这是一个包含多个工具的工具组。在此类工具上右击三角形图标，可以展开并显示隐藏的工具，如图1-7 所示。接下来，将鼠标指针移至想要选择的隐藏工具上方，单击即可选中该工具，如图1-8 所示。

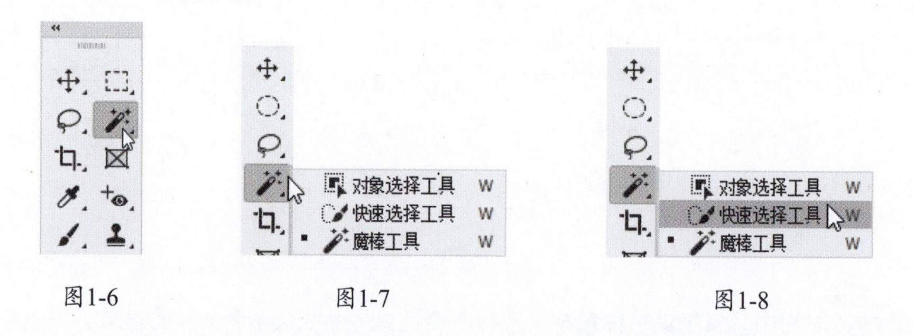

图1-6　　图1-7　　图1-8

答疑解惑： 如何查找并添加隐藏工具？若在工具箱中无法找到所需的工具，可以单击工具箱下方的“编辑工具栏”按钮，弹出“自定义工具栏”对话框。在该对话框的右侧附加工具区域中，可以发现一些未被添加至工具箱的工具，这些工具相当于被隐藏了。为了使其显示在工具箱中，只需将它们从“附加工具”区域拖至“工具栏”区域即可。

3. 选项栏

选项栏用于设置各类工具的参数选项。合理设置这些参数，不仅能显著提升工具的灵活性，还能有效提高工作效率。值得注意的是，不同工具对应的选项栏存在显著差异。例如，图1-9 展示了“画笔”工具的选项栏，其中包含诸如绘画模式和不透明度等通用设置；而某些设置，如“铅笔”工具的“自动抹除”功能，则是特定工具所独有的，如图1-10 所示。

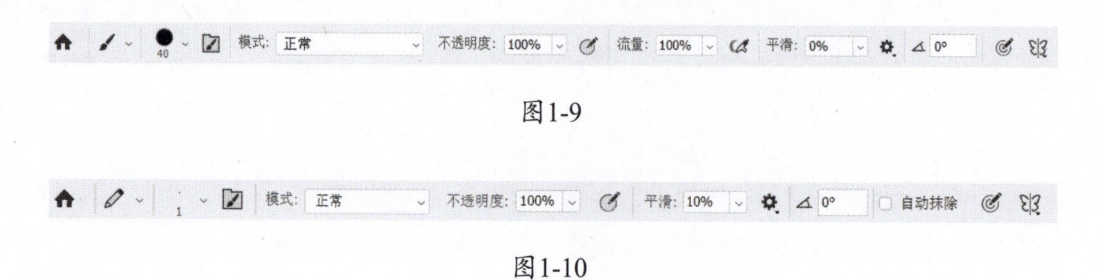

图1-9

图1-10

答疑解惑：若Photoshop界面中缺失了选项栏，可以在“窗口”菜单中选中“选项”或“工具”选项，即可显示选项栏。

1.1.2　面板

面板是 Photoshop 中不可或缺的组成部分，用户可以通过这些面板设置颜色、调整工具参数，或进行多样化的编辑操作。若需要打开特定的面板，可从“窗口”菜单中进行选择。默认情况下，各类面板会以选项卡的形式分组显示，并停靠在应用程序窗口的右侧。用户可以根据实际需求，灵活地打开、关闭或组合这些面板。

1. 选择面板

在面板选项卡中，单击相应面板的名称，即可立即呈现该面板内的控件，如图1-11 所示。

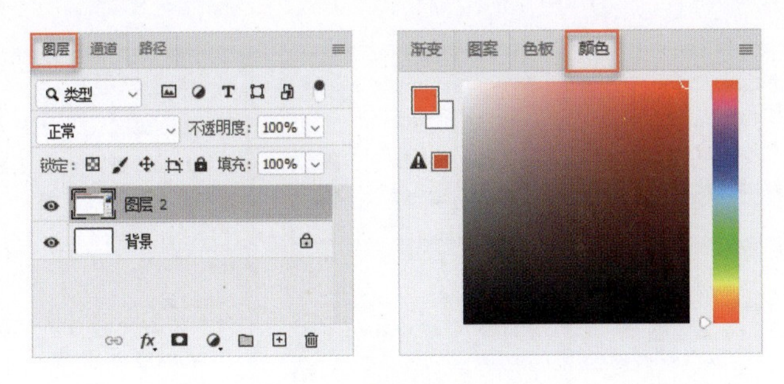

图1-11

2. 折叠/展开面板

单击面板组右上角的双箭头按钮，可以将面板折叠成图标形式，如图1-12 所示。若想展开某个面板，只需单击对应的图标即可，如图1-13 所示。若要将面板重新折叠为图标形式，可以单击面板右上角的按钮。此外，通过拖动面板的左边界，可以调整面板组的宽度，以便显示面板的名称，如图1-14 所示。

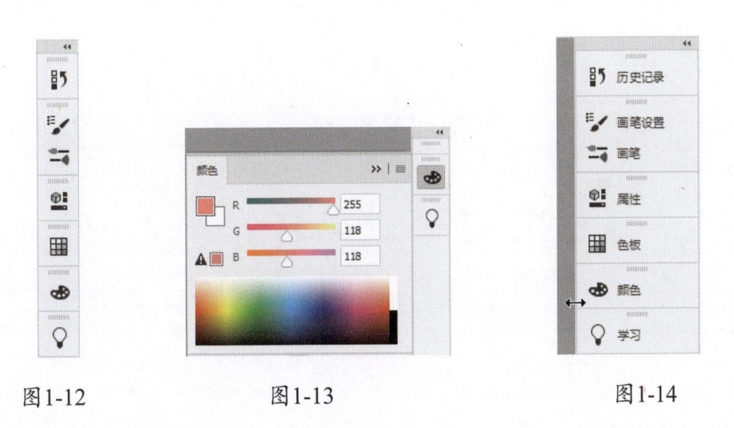

图1-12　图1-13　图1-14

3. 组合面板

将鼠标指针置于某个面板上，按住鼠标左键并将其拖至另一个面板的标题栏处。当出现蓝色框时，释放鼠标，即可实现该面板与目标面板的组合，如图1-15 和图1-16 所示。通过将多个面板合并为一个面板组，或者将一个浮动面板加入已有的面板组，可以有效地为文档窗口腾出更多的操作空间，从而提升工作效率。

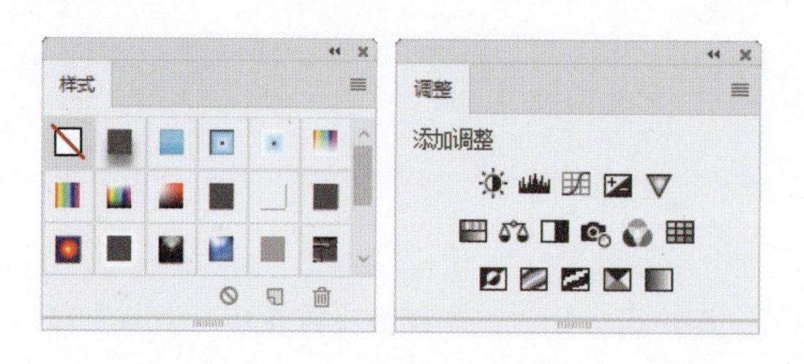

图1-15

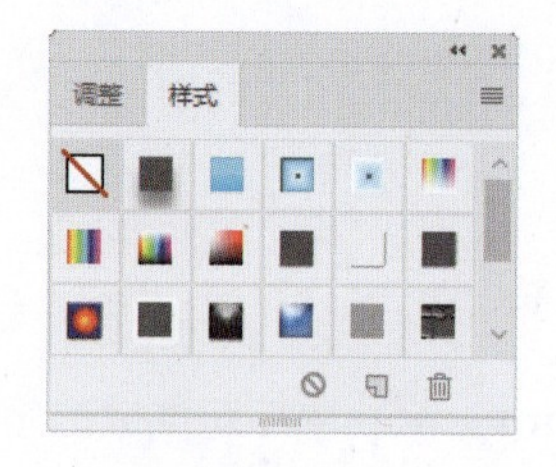

图1-16

4. 链接面板

将鼠标指针置于面板的标题栏上，按住鼠标左键并将其拖至另一个面板的上方。当出现蓝色框时，释放鼠标，即可实现这两个面板的链接，如图1-17 所示。链接后的面板可同步移动或折叠成图标形态。

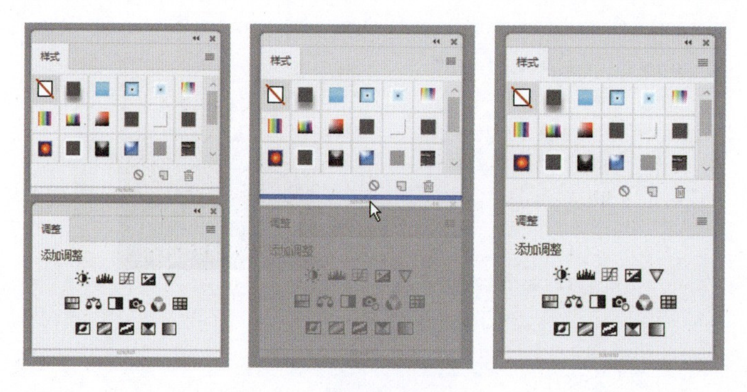

图1-17

5. 移动面板

将鼠标指针置于面板的名称之上，单击并向窗口空白区域拖动，即可将其从原有的面板组或链接的面板组中分离，从而形成一个独立的浮动面板，如图1-18 所示。用户还可以通过拖动浮动面板的名称，自由地将其放置在窗口中的任意位置。

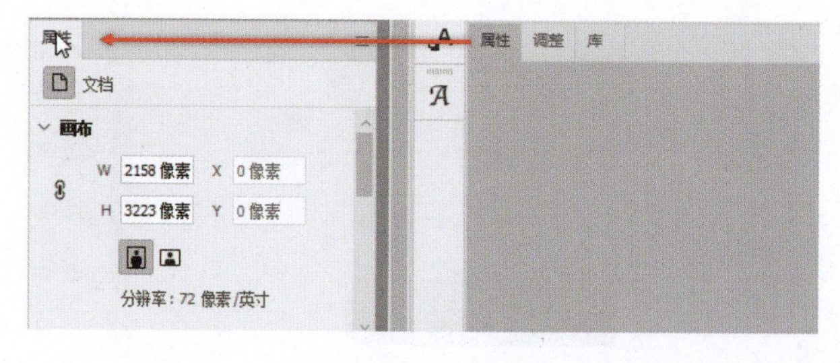

图1-18

6. 调整面板大小

拖动面板的右下角，即可同时调整面板的高度和宽度，如图1-19 所示。

7. 关闭面板

在面板的标题栏上右击，弹出一个快捷菜单，如图1-20 所示。若选择“关闭”选项，则可以关闭当前面板；若选择“关闭选项卡组”选项，则可以关闭整个面板组。对于浮动面板，只需单击其左上角的“关闭”按钮 ，即可将其关闭。

答疑解惑：如果发现打开的面板非常凌乱，而且不适合当前的工作需求，可以在界面的右上角单击“选择工作区”按钮，在弹出的菜单中选择不同的选项，对面板布局进行调整，如图1-21 所示。

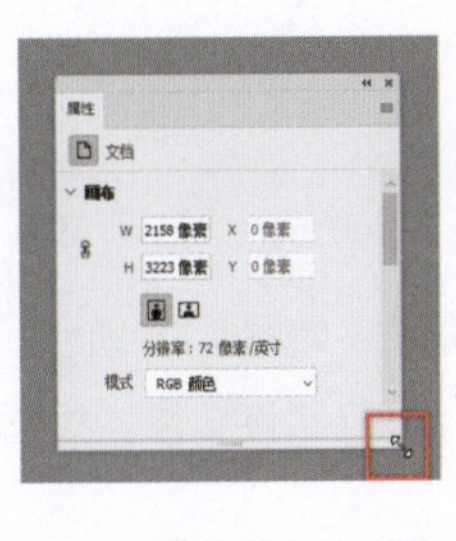

图1-19

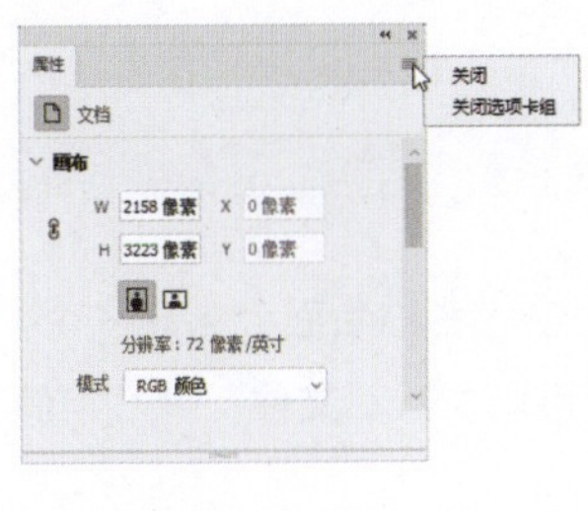

图1-20

图1-21

1.2 文件基本操作

文件的基本操作是使用 Photoshop 进行图像处理时必须熟练掌握的关键知识点。本节将重点介绍 Photoshop 2025 的文件管理方法，包括如何新建和存储图像文件。通过熟练掌握这些基础知识，我们能够在后续的图像处理工作中避免出现错误，进而显著提高工作效率。

1.2.1 新建文件

启动 Photoshop 2025 后，执行“文件”→“新建”命令，或者直接按快捷键 Ctrl+N，此时会弹出“新建文档”对话框，如图1-22 所示。在该对话框中，可以设置文件的名称、宽度、高度、分辨率、颜色模式以及背景内容等参数。完成设置后，单击“创建”按钮，即可成功创建一个空白文件，如图1-23 所示。

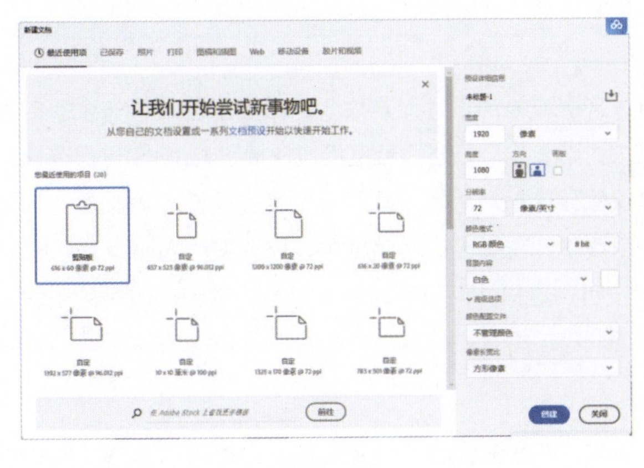

图1-22

图1-23

“新建文档”对话框中的主要参数含义如下。

- 宽度/高度：这两个参数用于定义在Photoshop中文档的整体画面尺寸。
- 分辨率：表示在单位长度内包含的像素数量。国际上，常用的单位是像素/英寸（DPI或PPI）。在制作网络图像时，通常会将分辨率设置为72DPI，因为这是大多数电子显示器的标准分辨率。

- 颜色模式：如果选择“位图”或“灰度”选项，图片将只能显示黑白灰色调。而较为常用的颜色模式包括“RGB颜色”和“CMYK颜色”。RGB颜色模式主要用于电子屏幕上的色彩显示，而CMYK颜色模式则主要用于印刷打印物料。

1.2.2 存储文件

如果一个文档从未被存储过，文档标签中的名称后面会出现一个“*”符号，如图1-24 所示。这个符号表示当前文档还有未存储的编辑内容。此时，可以执行“文件”→“存储”命令来存储该文件，如图1-25 所示。

图1-24

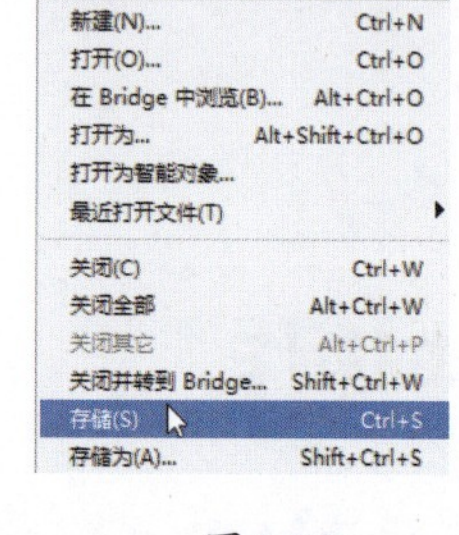

图1-25

小技巧:3种存储命令各自对应的快捷键如下：存储：Ctrl+S；存储为：Shift+Ctrl+S；存储副本：Alt+Ctrl+S。这些快捷键在默认情况下可以直接使用。

1. 存储

当一个文件未被存储过，执行“文件”→“存储”命令，或者直接按快捷键 Ctrl+S 进行存储时，都会弹出对话框，如图1-26 所示。在该对话框中，可以选择存储文件的路径，并可将文件名更改为更易于识别的名称。通过这种方式保存的文件通常被称为当前设计的源文件。请注意，这里存储的文件并非一张可直接查看的图片，而是一个源文件，当在 Photoshop 中重新打开它时，可以进行二次编辑。

2. 存储为

当设计师对已保存的设计源文件进行修改，例如删除文字或添加设计元素后，这相当于创建了一个新的设计版本。在对已保存的文件进行任何编辑后，文件名旁边会出现“*”符号。若直接按快捷键 Ctrl+S 进行存储，将会覆盖原有的源文件。如果不想覆盖源文件，而想单独保存这一新版本，同时保留第一版设计源文件，可以执行“文件”→“存储为”命令，或者按快捷键 Shift+Ctrl+S。在弹出的对话框中，修改文件名称以作区分，例如在源文件名后加上 02。设置完成后，单击“保存”按钮。这样，可以同时保留原始版本和修改后的版本，如图1-27 所示。

3. 存储副本

“存储副本”命令使用户能够创建一个当前文件的副本，并将其保存在指定位置，同时可以选择不同的格式进行保存。该命令在需要保留原始文件并要进一步编辑时非常有用。

前面介绍的两种存储方式都是保存为设计的源文件格式。那么，如何将文件保存成一个常规的、可在手机或平板电脑上查看的图片文件呢？可以执行“文件”→“存储副本”命令，或者按快捷键 Alt+Ctrl+S，弹出“存储副本”对话框，如图1-28 所示。在该对话框中，可以看到丰富的保存类型选项，包括常用于互联网图片传播的 JPG 格式，可容纳透明背景并常用作拼贴式图片素材的 PNG 格式，以及可用于创建动图表情包的 GIF 格式等。不同的文件格式适用于不同的设计用途。

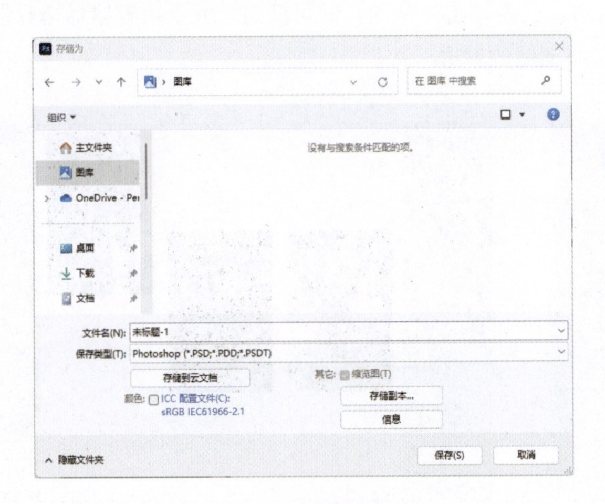

图1-26

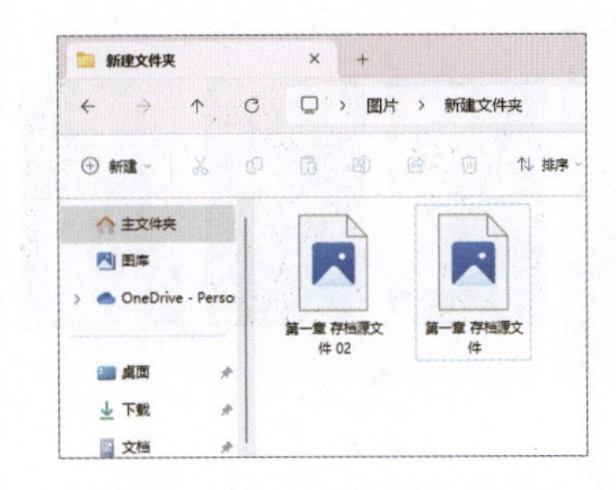

图1-27

在“存储副本”对话框中，选择“保存类型”为 JPEG(.JPG;.JPEG;*JPE)，然后单击“保存”按钮。接着会弹出“JPEG 选项”对话框，如图1-29 所示。在该对话框中，可以通过拖动滑块来调整导出图片的质量。请注意，质量越高的图像占用的存储空间越大。通常情况下，选择“高”或者“最佳”的预设即可满足图片清晰度的需求。完成设置后，单击“确定”按钮，即可在指定的保存路径中查看导出的图片文件了。此时保存的就是一张可以在手机或平板电脑上查看的图片。

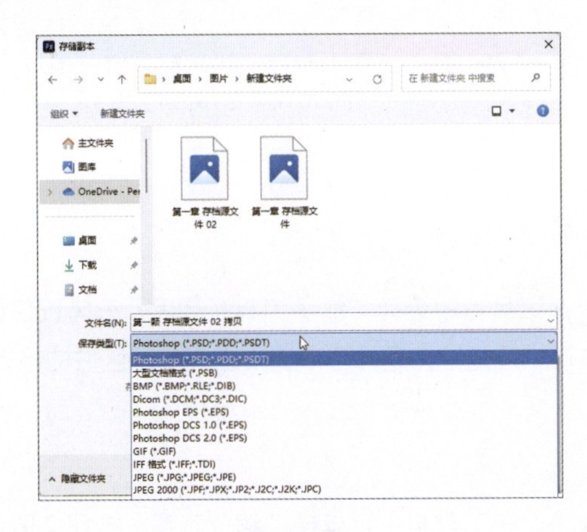

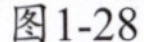

图1-28

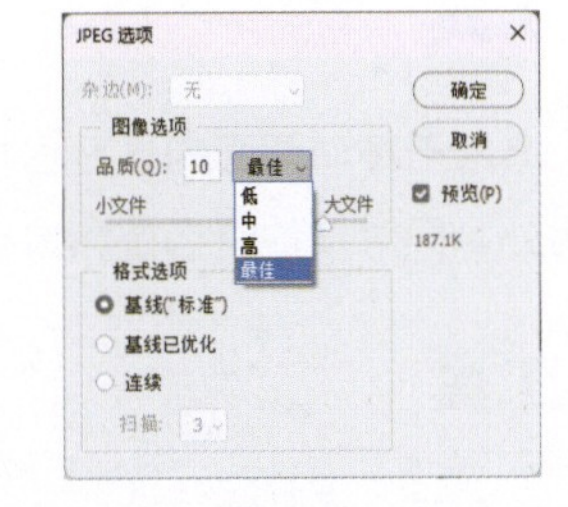

图1-29

1.3　辅助工具

Photoshop 中的辅助工具为图像编辑过程提供了便捷支持，这些工具在设计全流程中发挥着重要作用，为提升操作效率和确保精度提供了有力保障。

1.3.1 移动工具

“移动工具”的使用非常简单。选中图层后，只需单击并拖动，即可使设计元素随着鼠标指针移动。如图1-30 所示为移动前的状态，而图1-31 则展示了移动后的效果。

图1-30

图1-31

当图层的数量非常多时，在“图层”面板中第一时间找到想要的图层可能会变得困难。此时，可以借助“自动选择”功能来提高效率。选中“移动工具”后，“自动选择”复选框会出现在选项栏的左端，如图1-32 所示。选中该复选框，即可开启“移动工具”的自动选择模式。在此模式下，直接在画布上单击想要移动的对象，即可快速选中它。

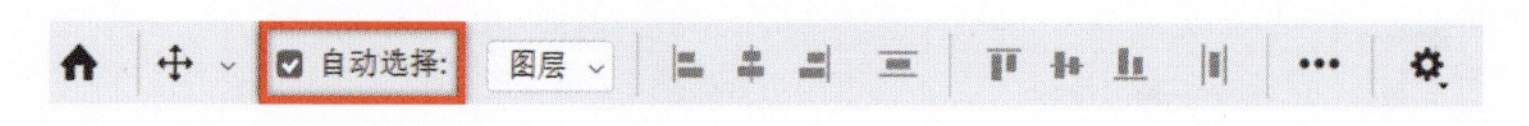

图1-32

1.3.2 抓手工具

“抓手工具”用于移动画面的显示区域。在工具箱中选择“抓手工具”后，只需按住鼠标左键，便可自由拖动画面。另外，同时按住空格键和鼠标左键进行拖动，同样可以实现画面显示区域的移动。

1.3.3 缩放工具

“缩放工具”主要用于调整画面的显示大小。在工具箱中，单击“缩放工具”按钮即可将其选中，此时工具默认处于放大模式。若需要切换至缩小模式，可按住 Alt 键进行操作。另外，按快捷键 Ctrl++ 能够快速放大显示画面，而 Ctrl+—则可快速缩小显示画面。

1.3.4 标尺工具

“标尺工具”的功能在于测量任意两点间的距离和角度。使用此工具时，工具选项栏会实时显示测量的起点与终点的坐标（X，Y）、两者之间的角度（A）以及距离（L_1、L_2）等详细信息。

在完成一条线段的绘制后，若按住 Alt 键并从其中一个端点开始拖动，可以绘制出第二条线段。此时，所显示的角度即为这两条线段之间的夹角。在测量中，L_1 与 L_2 分别代表两个端点到中心点的距离。当画面中仅存在一条直线时，角度将根据该线段与水平线之间的夹角来计算，而距离 L 则直接表示两个端点之间的直线距离。

重要的是，“标尺工具”提供的仅是一种参考信息，它并不构成图像的实际内容。因此，在导出或保存图像时，标尺并不会被包含在内。此外，当切换到其他工具时，标尺信息会被暂时隐藏。

1.3.5 使用智能参考线

智能参考线是一种高度智能化的辅助工具，它能够帮助用户更精确地对齐形状、切片和选区。一旦启用了智能参考线，在绘制形状、创建选区或切片时，这些参考线就会自动出现在画布上，提供实时的对齐指导。

要启用智能参考线，可以执行“视图”→“显示”→“智能参考线”命令。启用后，画布上出现的紫色线条即为智能参考线，如图1-33 所示。这些线条将根据操作动态调整，以确保各种元素能够完美对齐。

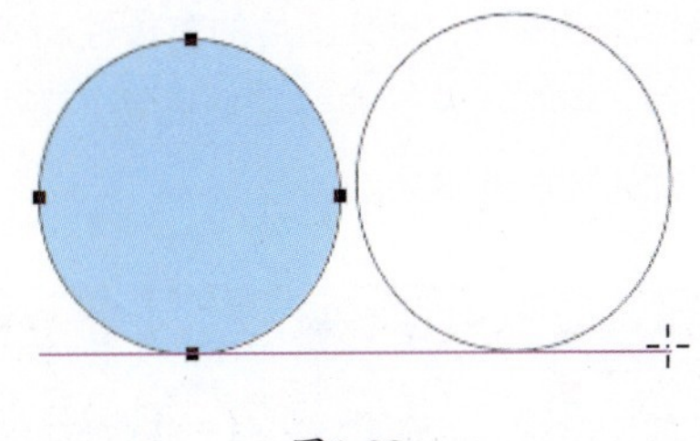

图1-33

1.3.6 使用网格

网格是一种辅助工具，用于帮助用户对物体进行精确对齐和定位，特别适用于需要对称布置对象的情况。在 Photoshop 中，打开一个图像素材，如图1-34 所示，执行“视图”→“显示”→“网格”命令，即可显示网格线，如图1-35 所示。在显示网格后，可以进一步执行“视图”→“对齐到”→“网格”命令，以启用对齐到网格功能。此后，在创建选区或移动图像时，对象将自动与网格线对齐，从而提高操作的精确性。

图1-34

图1-35

延伸讲解： 在图像窗口中显示出网格之后，即可充分利用网格的辅助功能，轻松地沿着网格线对齐或移动图像。若希望在移动图像时能够自动贴合网格，或者在创建选区时能够依据网格线位置进行精确定位选取，只需执行“视图”→“对齐到”→“网格”命令。默认情况下，网格呈现线条状。如需要调整网格的样式，例如将其显示为点状，或者修改其粗细和颜色，可执行“编辑”→“首选项”→“参考线、网格和切片”命令，然后在弹出的对话框中进行设置。

1.4 初探AI工具

Photoshop 2025 在先前版本的基础上进行了更新，不仅改进和优化了现有功能，还增添了诸多新特性。本节将简要概述其使用方法，帮助大家更好地掌握这款软件。同时，也可以启动 Photoshop 2025，执行“帮助”→“新增功能”命令，在弹出的“发现”对话框中查看关于新功能的详尽介绍。

1.4.1 使用移除工具移除干扰物

“移除工具”在 Photoshop 2025 的更新中得到了进一步的增强，它能够有效地移除图像中多余的元素，并自动进行场景修复，确保图片的整体性和美观性。特别值得一提的是，新版“移除工具”加入了自动识别干扰物的功能，例如人物、电线和电缆等。图1-36 展示了原始图片，而图1-37 则呈现了“移除工具”自动检测并去除干扰人物后的效果。

图1-36

图1-37

1.4.2 上下文任务栏

上下文任务栏是一项创新功能，它能够根据用户的当前操作场景，动态地提供相关的功能选项和快捷命令。这种设计显著减少了用户在多个菜单间切换的烦琐，从而让工作流程变得更为高效和顺畅。用户可以通过执行“窗口”→“上下文任务栏”命令来打开上下文任务栏。

当选择不同的工具或进行不同的操作时，上下文任务栏会智能地进行适配。例如，当用户选择“矩形选框工具”时，上下文任务栏会相应地显示出选区的编辑选项，例如执行创成式填充；而当切换到“横排文字工具”时，上下文任务栏则会提供画笔大小、硬度等参数的快速调整选项，如图1-38 所示。此外，在执行创成式填充操作时，上下文任务栏不仅提供了快速输入生成内容的便利，还支持用户选择生成样式并预览效果，这极大地简化了操作步骤，提高了工作效率。

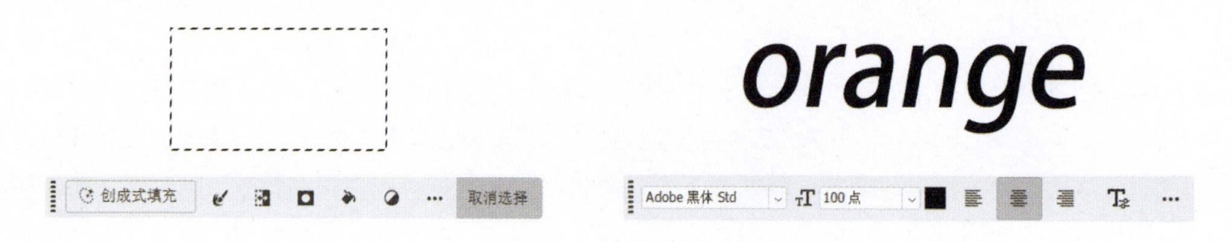

图1-38

1.4.3　Adobe Firefly：AI助力设计

Adobe Firefly 是一款独立的 Web 应用程序，用户可以通过访问 firefly.adobe.com 来使用，其界面如图1-39 所示。该程序利用生成式 AI 技术，为构思、创作和交流提供了全新的方法，从而显著优化了创意工作流程。除了 Firefly 网站本身，Adobe 还推出了更广泛的 Firefly 系列创意生成式 AI 模型，该模型在 Adobe 的旗舰应用软件以及 Adobe Stock 中也发挥了重要作用，为用户提供了丰富的由 Firefly 支持的功能。

图1-39

Adobe Firefly 目前提供了 6 项 AI 功能，如图1-40 所示。这些功能覆盖面广泛，能够生成出丰富多样的效果图像，满足用户的不同创作需求。

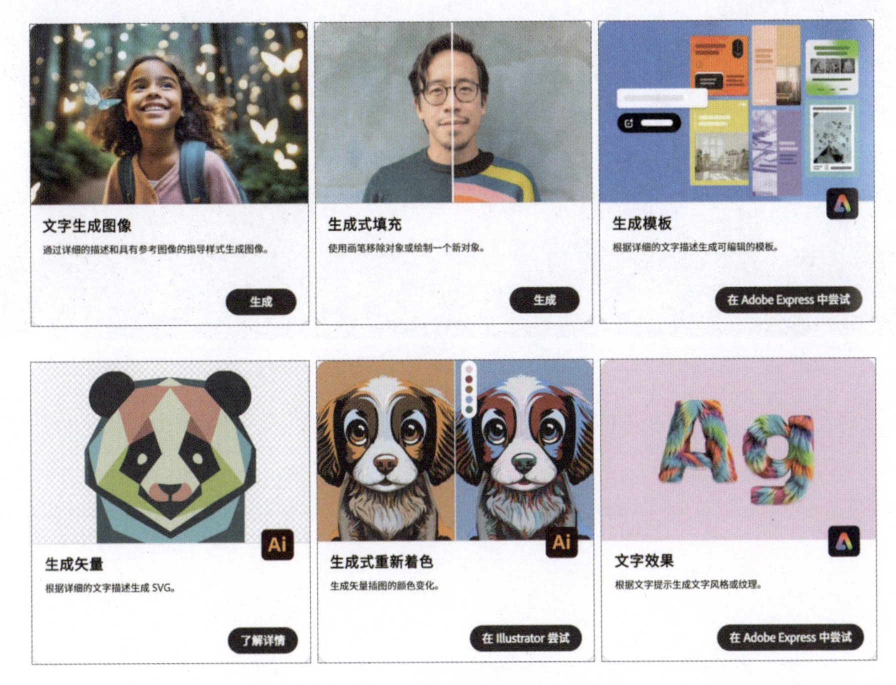

图1-40

第 2 章

工具宝箱：解锁你的设计利器

本章将详细介绍Photoshop中的各种基础工具，具体涵盖“形状工具”“画笔填色工具”“文字工具”以及“修复工具”等。通过对这些常用功能的全面阐述，旨在帮助大家熟练掌握Photoshop的基本使用技巧。

2.1 形状与路径

形状工具可谓是设计的基石，无论是简洁的矩形、优雅的椭圆，还是个性化的自定形状，都能助你迅速搭建起基础构图的框架。本节将深入剖析这些工具的操作要领，更将结合实际案例，引导大家逐步掌握运用它们绘制各类图形的精湛技艺。

2.1.1 矩形工具

在工具箱中选中“矩形工具”后，会在工具选项栏中显示与之相关的设置选项。“矩形工具”主要用于轻松且灵活地绘制矩形和正方形。当选择了“矩形工具”并在画布上单击并拖曳时，便能迅速生成一个矩形。若想绘制正方形，只需在拖曳时按住Shift键，这样长宽比例便会自动保持一致，形成完美的正方形，如图2-1所示。

在工具选项栏中，可以轻松调整矩形的边角半径。例如，当将边角半径设定为50像素时，便能绘制出带有圆润角落的矩形，如图2-2所示。在“填充”与“描边”选项中，可以自定义矩形的内部颜色以及轮廓线的粗细与样式。例如，选择蓝色作为填充色，并设置20像素宽的黑色描边，最终生成的矩形如图2-3所示。

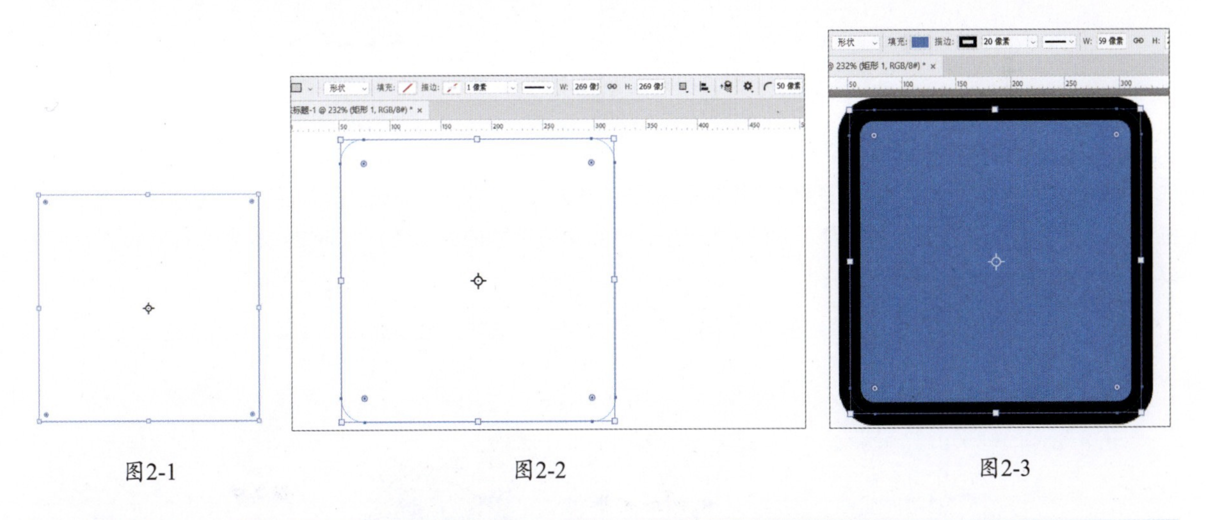

图2-1　　图2-2　　图2-3

延伸讲解：在工具选项栏中，“矩形工具”提供了“路径”和“形状”两种模式。当选择“路径”模式时，仅会生成矢量路径；而切换到“形状”模式，则会在生成矢量路径的同时，创建一个已填充的图形。

2.1.2 椭圆工具

“椭圆工具”是绘制椭圆和圆形的得力工具，只需单击并拖曳，即可轻松生成椭圆。若想要绘制标准的正圆，同样可以在拖曳时按住Shift键，如图2-4所示。

在工具选项栏中，可以对椭圆的填充颜色、描边宽度及样式进行细致的调整。例如，将填充色设置为鲜艳的红色，并将描边宽度设定为 3 像素，那么绘制出的椭圆将呈现如图2-5 所示的效果。

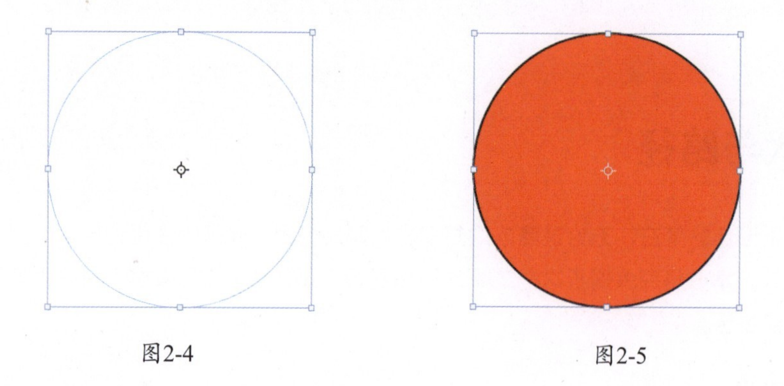

图2-4　　　　图2-5

2.1.3　自定形状工具

“自定形状工具”是一种既灵活又富有创意的设计工具，能够帮助用户轻松绘制出复杂的图形，或者选择预设的图形样式进行创作。在工具选项栏的右侧，只需单击“形状”选项的箭头按钮，即可浏览并选择 Photoshop 软件内置的丰富形状库，其中包括动物、植物、花卉等多种多样的图形元素，如图2-6 所示。

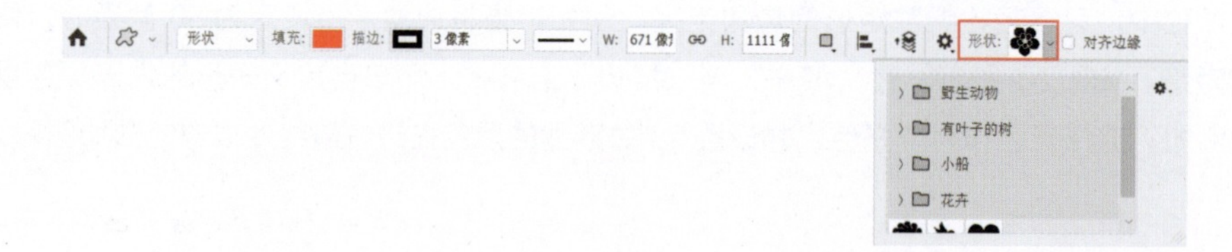

图2-6

在画布上单击并拖曳鼠标，即可轻松生成选中的形状。若希望在绘制过程中保持形状的固定比例，可以按住 Shift 键进行操作。例如，当选择野生动物中的狮子形状并在画面中单击并拖曳时，可以对形状的填充颜色、描边样式以及大小进行自定义调整。如图2-7 所示，若将填充颜色改为灰色，并将描边设置为虚线样式，那么最终绘制出的效果如图2-8 所示。

单击“形状设置”按钮，在弹出的菜单中选择“导入图形”选项，可以导入更多形状，如图2-9 所示。

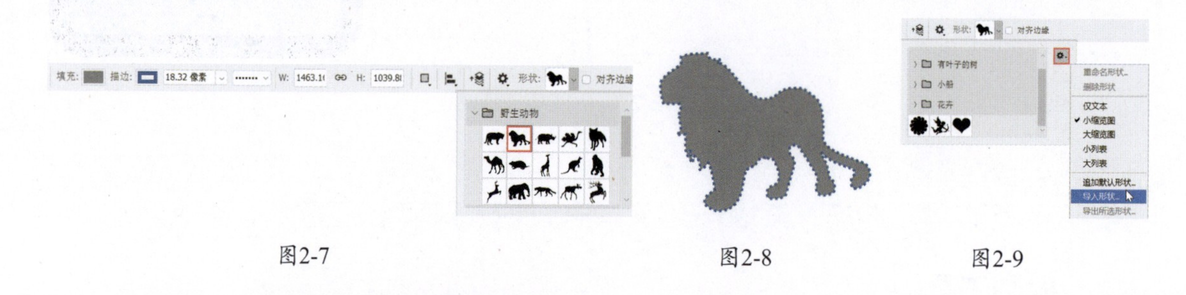

图2-7　　　　图2-8　　　　图2-9

2.1.4　实战：使用钢笔工具绘制扇形

路径工具为设计带来了更为精细化的表现力。借助“钢笔工具”来绘制路径，能够自由地创建出各种复杂的线条与形状，从而满足更为多样化的设计需求。本节不仅包含对相关工具的详尽介绍，还附有实战讲解，旨在帮助大家迅速掌握路径设计的专业技巧。

接下来，将通过实际操作，演示如何使用“钢笔工具”来绘制图形。

01 选择“钢笔工具”，在画布上单击两次以确定两个锚点，此时，这两个锚点之间会自动生成一条路径，如图2-10所示。

02 再次单击确定一个新的锚点，但这次不要立即释放鼠标。在按住鼠标左键的同时，向周围拖动鼠标，可以发现随着拖动的进行，原先两点之间的直线逐渐变为曲线，如图2-11所示。当满意曲线的形状后，释放鼠标，曲线会固定下来。如果对绘制的曲线不满意，可以随时按快捷键Ctrl+Z撤销，并重新绘制。

图2-10

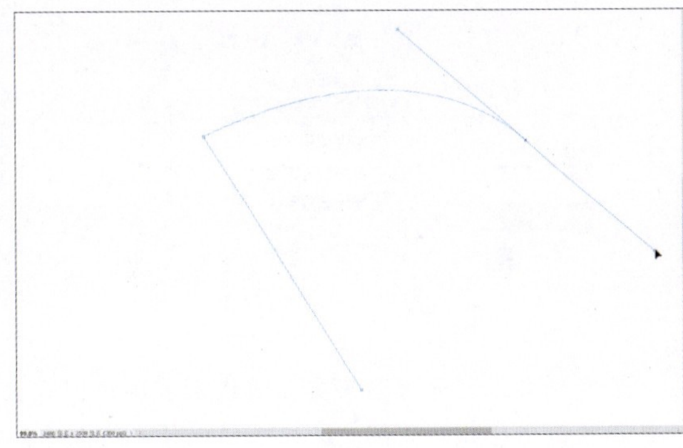

图2-11

03 按住Alt键的同时，单击创建锚点，如图2-12所示。若发现该锚点一侧的手柄消失了。此时，若连接下一个锚点，就可以顺畅地用直线将两个锚点“缝合”起来，如图2-13所示。

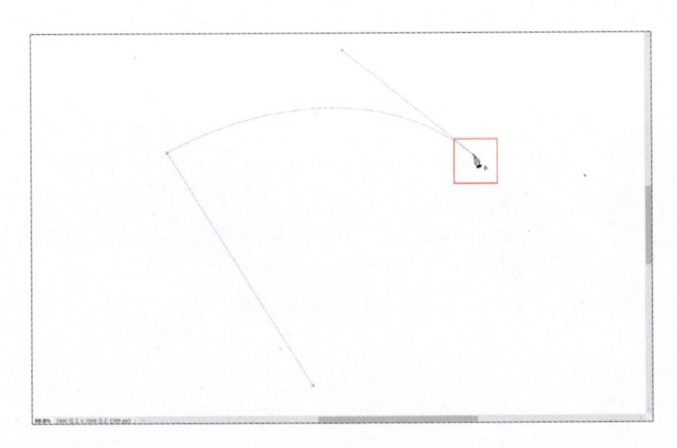

图2-12

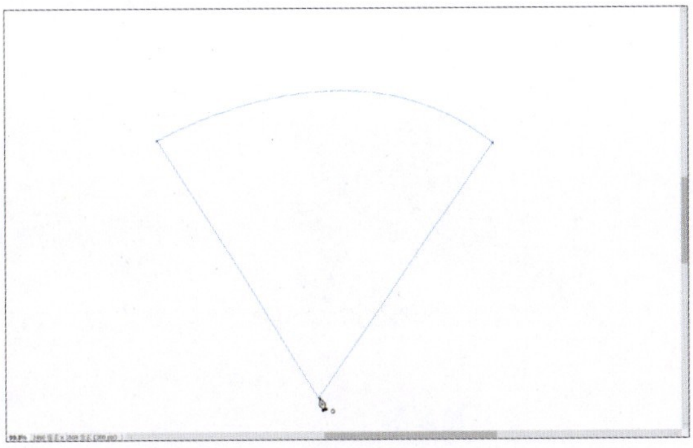

图2-13

04 至此，绘制路径的过程虽已告一段落，但工作尚未完结。目前，只是完成了路径的绘制，它尚未转化为一个形状。此时，需要在选项栏的上方找到并单击“形状”按钮，以当前路径为基础新建一个形状图层。这样一来，原本的路径就变成了一个既可见又可编辑的形状，效果如图2-14所示。

图2-14

2.1.5 实战：使用钢笔工具绘制复杂图形

在初次使用“钢笔工具”时，为了提高操作的熟练度，建议大家选择一些具有曲线边缘的 Logo 或图案进行描摹练习。通过这种方法，可以更有效地提升对“钢笔工具”使用技巧的掌握程度。具体的操作步骤如下。

01 在工具箱中，选择“钢笔工具”，并在选项栏中选择“路径”和“合并形状”选项，如图2-15 所示。

02 导入需要临摹的图形，如图2-16 所示。接着，从图形的左侧开始，使用“钢笔工具”进行路径的绘制，如图2-17 所示。

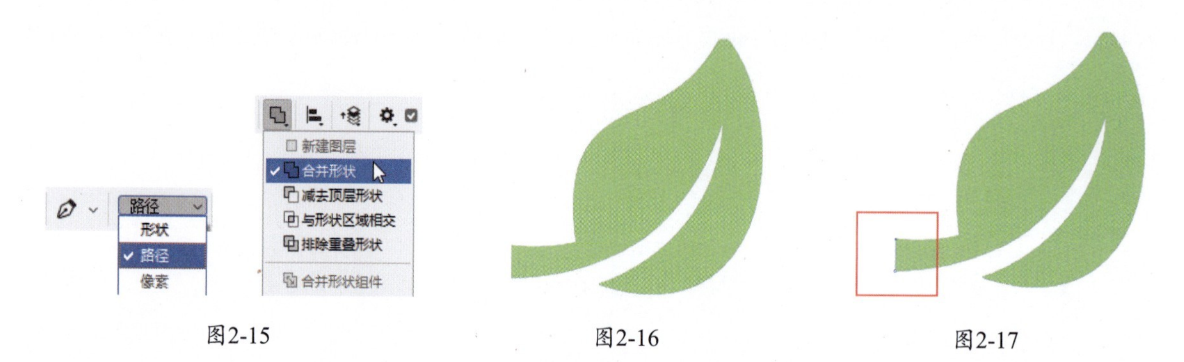

图2-15　图2-16　图2-17

03 当绘制到曲线部分时，需要在曲线末端单击以设置锚点，并进行拖曳操作。在拖曳过程中，应尽可能使手柄与曲线保持相切关系，这样绘制出的曲线会更贴合原图形，从而达到最佳效果，如图2-18 所示。

04 如果发现绘制的曲线与原图形存在未贴合的空隙，或者出现歪曲现象，如图2-19 所示，此时可以按住Ctrl键，临时切换为“直接选择”工具。使用该工具，可以微调手柄的位置，将曲线精确调整到与Logo外边缘完全贴合的状态。

05 开始绘制下一段曲线。在绘制过程中，当遇到拐角处时，应按住Alt键并单击锚点，以便更精确地控制曲线的走向，如图2-20 所示。

图2-18　图2-19　图2-20

06 继续进行曲线部分的绘制。通常，我们会在曲线的最凹处或最凸处单击以设置锚点，然后向旁边拉动手柄。在拉动手柄的过程中，应尽量使手柄与曲线保持相切，这样可以确保绘制出的曲线最大限度地贴合原图形，如图2-21 所示。

07 使用同样的方式往下绘制下一段曲线，如图2-22 所示。按住Alt键单击锚点，进行顶端弧度的绘制，如图2-23 所示。

小技巧： 在使用“钢笔工具”绘制路径时，按住Ctrl键可以选择已创建的锚点，并调整手柄的长短和角度，从而实现更精确的路径绘制和调整。

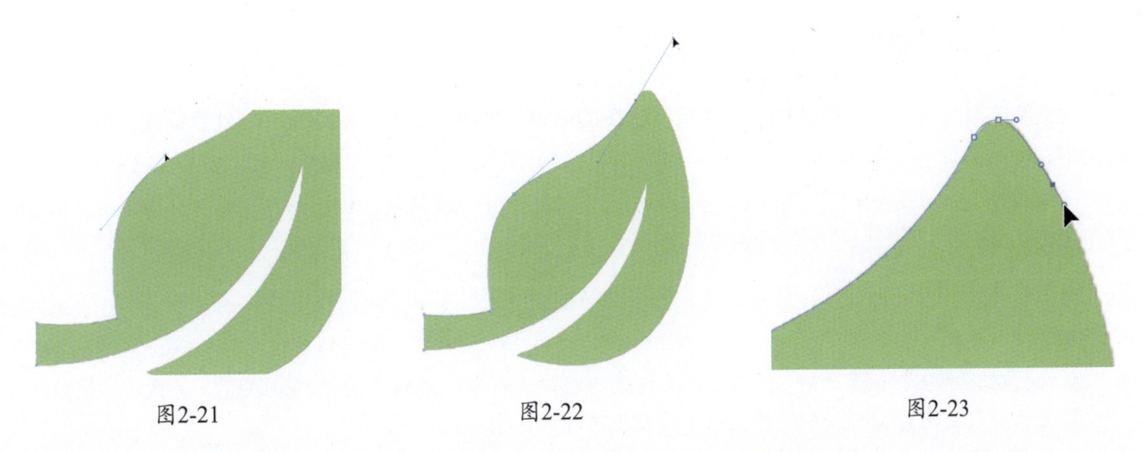

图2-21　　　　图2-22　　　　图2-23

08 采用相同的方式继续绘制下一段曲线。当曲线绘制完成后，按住Alt键并单击锚点，此时会发现其中一侧的手柄消失了，如图2-24 所示。接下来，继续在叶子内部绘制曲线，直至与最初的锚点相连接，完成整个叶子路径的绘制，如图2-25 所示。

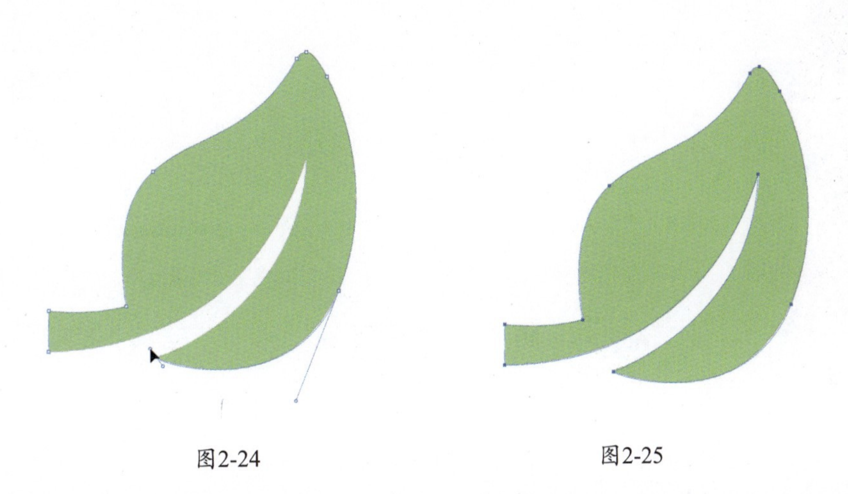

图2-24　　　　图2-25

09 完成绘制工作后，新建一个图层，并将前景色设置为黑色。接着，右击路径，在弹出的快捷菜单中选择"填充路径"选项。在弹出的"填充路径"对话框中，选择"内容"为"前景色"，如图2-26 所示。填充完成后，即可得到最终的图形效果，如图2-27 所示。

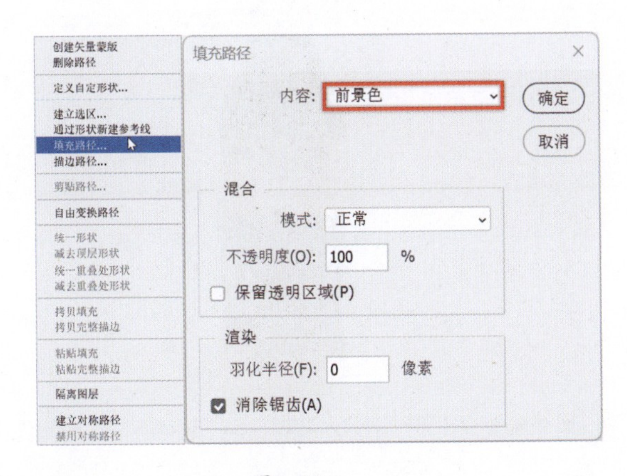

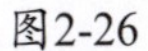

图2-26

图2-27

2.1.6 实战：使用钢笔工具抠图

“钢笔工具”除了可以绘制形状，还有非常多的用途，其中一个最为常用的功能就是抠图，具体的操作步骤如下。

01 选择一张可乐瓶的图片，如图2-28所示。使用“钢笔工具”精心描绘出其形状路径后，可以通过两种方式轻松将可乐瓶抠取出来。

02 第一种方法是利用选区进行抠图。首先，使用“钢笔工具”精确地描绘出瓶子的形状路径。完成描绘后，在选项栏中单击“选区”按钮，或者右击，在弹出的快捷菜单中选择“建立选区”选项，如图2-29所示。在将“羽化半径”设置为0时，可以沿着钢笔路径建立一条围绕瓶身的“蚂蚁线”（选区）。随后，通过复制粘贴或使用蒙版的方式，将这个可乐瓶图像抠取出来。

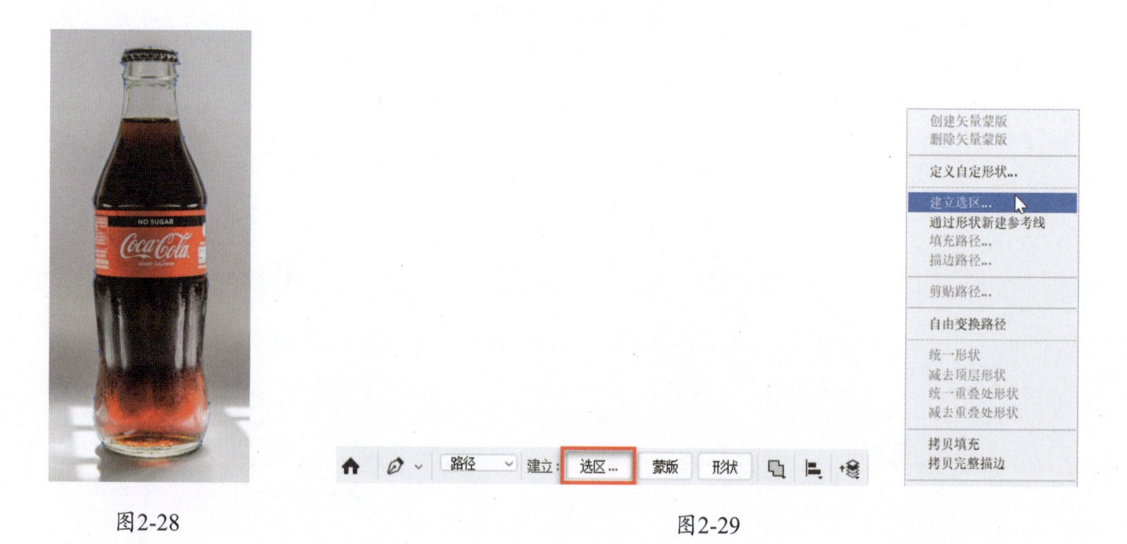

图2-28　　　　图2-29

03 第二种抠图方法是直接通过路径建立蒙版。在选项栏中找到“蒙版”按钮，如图2-30所示，只需单击该按钮，可乐瓶便会被迅速抠取出来，如图2-31所示。这种方法简洁高效，能够快速实现抠图的目的。

图2-30

图2-31

2.2　画笔与填色

Photoshop 中的画笔、填色及擦除工具，无疑构成了图像编辑的核心功能体系。“画笔工具”提供了琳琅满目的笔刷样式，使用户能够自由地进行图像绘制、色彩润色以及细节修饰。填色工具则涵盖了“油漆桶工具”和“渐变工具”，它们能快速实现色彩填充，或者制作出丰富多彩的渐变视觉效果。而“擦除工具”能在精准移除图像中多余部分或调整边缘效果方面大显身手。这些工具不仅灵活多样，而且效率极高，因此在插画设计、图片修饰以及艺术创作等多个领域均有着广泛的应用。

2.2.1　基础绘画工具

“画笔工具”和“铅笔工具”在设计领域中扮演着不可或缺的角色，它们是实现个性化创意手绘表现的重要工具。本节将深入探讨这两种工具的特点与用法，帮助你轻松绘制出流畅的图案和精致的细节。

1. 画笔工具

在工具箱中选择“画笔工具” 后，单击选项栏中带有数字的大圆右侧的下拉箭头按钮，即可调出一个小窗口，用于编辑画笔预设。该窗口内展示了多种复杂的画笔类型，可以根据设计需求进行选择，如图2-32 所示。

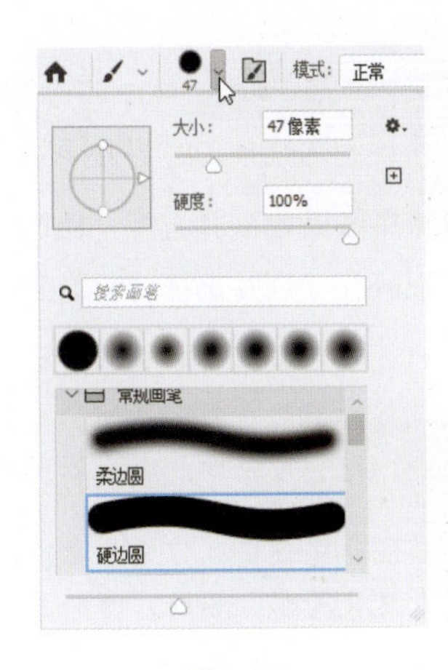

图2-32

“大小”和“硬度”是调控画笔形态的两个基本参数。画笔的大小这一概念相对直观易懂。例如，原本使用一个约为 50 像素大小的画笔进行绘制，其效果如图2-33 所示。然而，若将画笔大小调整至 500 像素，并进行绘制，我们便会发现所绘制的圆形显著增大，如图2-34 所示。

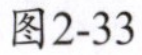

图2-33

图2-34

接下来，深入探讨“硬度”这一关键参数。当“硬度”设置为100%时，画笔绘制的边缘会显得锐利而清晰。但是，如果把硬度滑块调整至最左侧，也就是0%的位置，并将鼠标指针移动到画布上单击，此时所呈现的圆形将大相径庭。其边缘会变得极为柔软且模糊，如图2-35所示。由此可见，画笔的硬度值实际上是控制其边缘柔软程度的重要参数。硬度越接近0%，绘制出的痕迹就会越柔软自然；相反，如果硬度越接近100%，绘制出的痕迹则会显得异常清晰分明。

图2-35

2. 铅笔工具

“铅笔工具” 是Photoshop中一款简洁而精准的绘图工具，尤其适用于手绘场景。与“画笔工具”相比，“铅笔工具”所绘制的线条边缘更为硬朗，呈现出更加清晰分明的视觉效果。

要在工具箱中快速找到并选择“铅笔工具”，通常只需长按“画笔工具”按钮，便会展开隐藏的工具。在此列表中，可以轻松找到并选择“铅笔工具”。“铅笔工具”的具体使用方法如下。

01 绘制线条的过程相当简单。只需通过单击并拖曳鼠标，即可轻松绘制出清晰的线条。若想要绘制直线，可以在拖曳鼠标的同时按住Shift键，这样鼠标指针会自动锁定到水平或垂直方向，确保绘制的线条笔直。例如，按住Shift键，可以方便地绘制出两条宽度为10像素的洋红色直线，如图2-36所示。

02 单点填充功能十分便捷。只需在画布上单击一次，即可在当前鼠标指针位置迅速生成一个点，该点的大小受当前笔尖尺寸控制，如图2-37所示。

图2-36　　图2-37

在选项栏中，可以对“铅笔工具”的各项参数进行详细设置。

- 笔尖大小。通过单击选项栏中的“画笔设置”按钮，可以便捷地选择不同的画笔以及调整至合适的大小，如图2-38所示。
- 硬度。值得注意的是，“铅笔工具”的硬度默认为100%，并且这一设置无法进行调整。因此，使用“铅笔工具”绘制的线条始终呈现清晰的边缘特征。

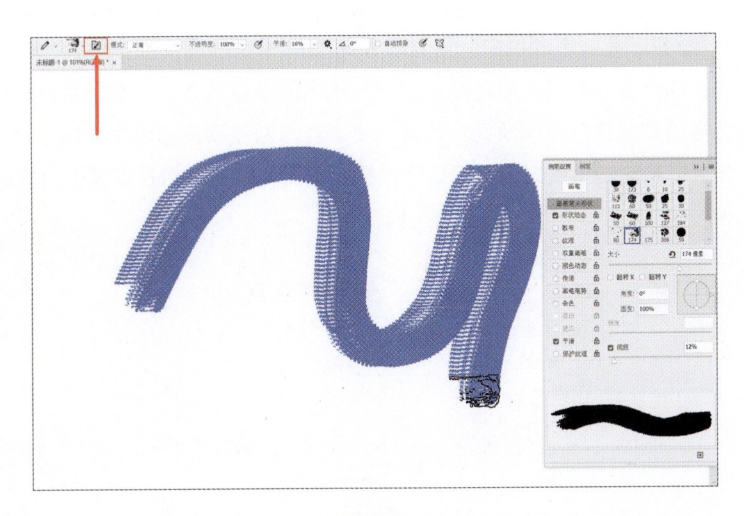

图2-38

2.2.2　填充工具

填充工具能够为图像注入生命力，其中“油漆桶工具”可迅速完成色彩填充，而“渐变工具”则能创造出丰富多彩的层次感。本节将通过实战案例，展示如何巧妙运用这些工具，为设计作品增添别样的趣味与深度。

1. 油漆桶工具

“油漆桶工具”是一款便捷的工具，用于快速填充选定区域的颜色。其使用方法相当简单明了：首先，通过“魔术棒工具”“选择工具”或手动绘制来确定需要填充颜色的区域。随后，在工具箱中选取“油漆桶工具”，并调整其选项栏中的“容差”值（一般设定为 20~50），以确保所填充的颜色与选定区域的颜色相协调。最后，只需在选定区域内单击，即可完成颜色的填充操作，如图2-39 所示。此外，“油漆桶工具”还支持多种填充方式，包括前景色、背景色、图案以及渐变色等，可根据实际需求进行灵活选择。

图2-39

2. 渐变工具

“渐变工具”专门用于创造颜色的渐变过渡效果。该工具能够在图像或选定的区域内，实现两种或多种颜色的平滑混合，因此在背景设计、蒙版制作以及色彩调整等多个方面均有着广泛的应用。

在 Photoshop 的“渐变工具”选项栏中，可以发现丰富的渐变预设，这些预设为用户提供了快速应用各种精美渐变效果的可能。除此之外，该工具还提供了 5 种不同的渐变方式，以满足用户在创作过程中的多样化需求。这些渐变方式包括线性渐变、径向渐变、角度渐变、对称渐变和菱形渐变，每一种都有其独特的表现形式和适用场景。通过灵活运用这些渐变方式，可以轻松打造出富有层次感和视觉吸引力的设计作品，如图2-40所示。

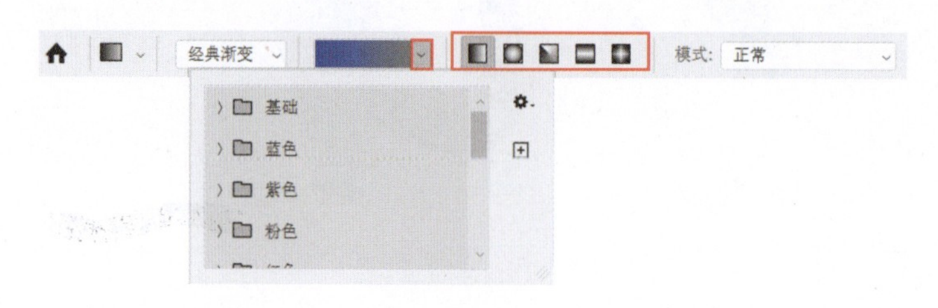

图2-40

在选定的区域内，通过单击并拖曳鼠标，可以轻松地生成渐变效果。拖曳的距离和方向会直接影响渐变的范围和角度，从而为用户提供了更大的创作灵活性。例如，若从左向右拖曳，所生成的渐变效果如图2-41所示，呈现出一种流畅且自然的色彩过渡。

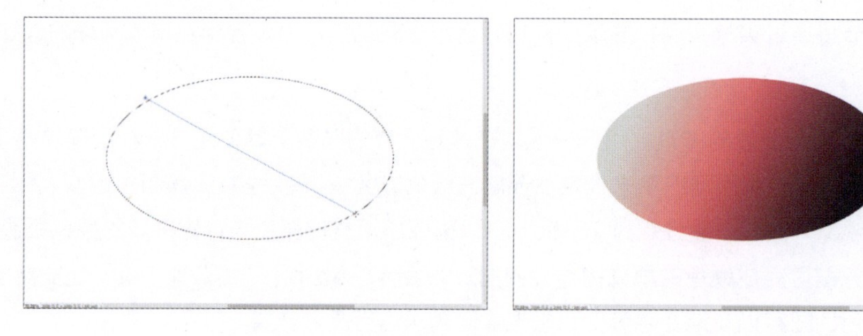

图2-41

2.2.3 擦除工具

擦除工具在设计修改和清理过程中发挥着至关重要的作用，尤其对于细节处理而言更是不可或缺。本节将深入讲解“橡皮擦工具”及“背景橡皮擦工具”的操作技巧，并通过实战案例，讲述如何巧妙运用这些工具，为设计作品增添整洁感与精致感。

1. 橡皮擦工具

“橡皮擦工具”的使用方法与“画笔工具”极为相似。当选中该工具后，鼠标指针会变为一个圆形画笔的形状。在选项栏中，可以轻松地调整橡皮擦的大小，而其硬度通常被设置为 100%，如图2-42 所示。这样的设置能够确保擦除效果更为彻底和干净。随后，即可利用该工具将绘制的内容完全擦除，如图2-43 所示，使画面恢复整洁。

小技巧：当面对复杂的画面需要擦除时，若逐一擦除会耗费大量时间，此时可以使用“还原画笔工具”，也被称为“撤销”功能。通过执行“编辑”→“还原画笔工具”命令，或者按快捷键Ctrl+Z，逐步撤销之前的操作。撤销是众多文档软件中常见的功能，在Photoshop中同样适用，能显著提高编辑效率。

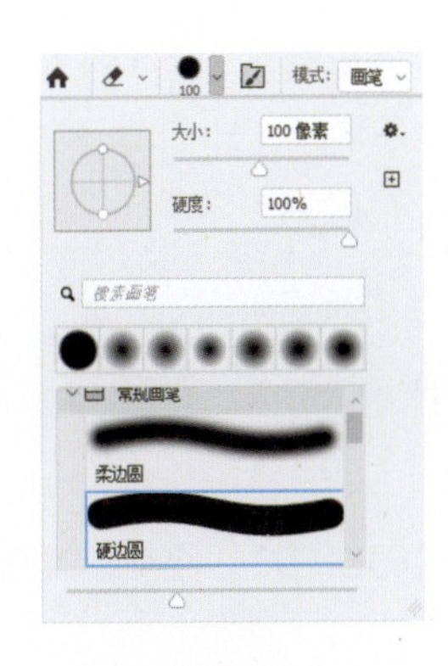

图2-42

图2-43

2. 背景橡皮擦工具

“背景橡皮擦工具”是一款功能强大的工具，它能够快速擦除图片的背景，同时精确地保留前景主体。该工具通过取样颜色来智能判断需要擦除的区域，特别适用于那些背景颜色相对均匀的图像。在使用时，只需单击并拖曳鼠标，工具便会根据鼠标指针中心点的颜色进行取样，并精确擦除与该颜色相近的区域。例如，在处理单一颜色的背景时，“背景橡皮擦工具”可以迅速而干净地清除背景，效果如图2-44 所示，从而大大提升图像处理的效率和质量。

图2-44

在选项栏中，如图2-45 所示，可以对“背景橡皮擦工具”的各项参数进行调整。

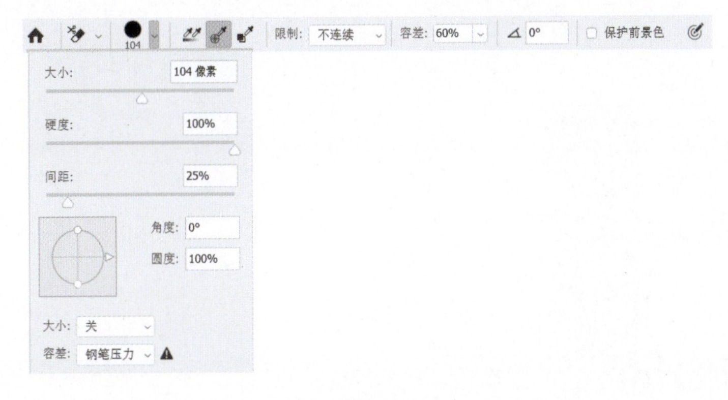

图2-45

- 画笔大小与硬度：在此设置合适的笔刷大小。值得注意的是，硬度越高，擦除的边缘会越清晰，这在处理复杂背景时特别有用。
- 取样模式：其中包括“连续取样”“一次取样”和“背景取样”模式。
  - » 连续取样：该模式下，随着鼠标指针的移动，取样颜色会不断更新。
  - » 一次取样：该模式仅对颜色进行一次取样，非常适合处理大块的单一色区。
  - » 背景取样：该模式主要基于背景色板进行擦除操作。
- 容差：用于调整颜色匹配的灵敏度。数值越大，擦除的颜色范围就越广；相反，数值越小，擦除的颜色匹配会越精确。
- 保护前景色：若选中该复选框，“背景橡皮擦工具”会在擦除过程中保留前景色范围内的像素，从而有效避免误擦重要部分。

2.3 文字工具

在 Photoshop 中，文字工具扮演着设计与编辑文本的核心角色，使用户能够轻松添加、编辑并美化文字内容。借助“横排文字工具”与“直排文字工具”，可以自由创建水平或垂直的文字排版，从而满足不同设计需求。此外，Photoshop 还提供了丰富的样式设置选项，涵盖字体、大小、颜色、间距以及对齐方式等诸多方面，为用户提供了极大的创作灵活性。更值得一提的是，Photoshop 还支持将文字转换为路径或形状的功能，这为进一步的创意设计提供了无限可能。

2.3.1 文字排列

当使用“横排文字工具” T. 输入文字时，“图层”面板中会生成一个新的文字图层，如图2-46 所示。这个新生成的文字图层具备图层应有的所有属性，因此可以自由地移动它，或者按快捷键 Ctrl+T 进行自由变换，包括放大、缩小等操作。由于文字也被视为图层，若想再次编辑它，只需切换到文字工具并单击该图层，或者使用“移动工具”双击文字，即可进入文字编辑状态。

同时，在选项栏中，可以单击“设置文本颜色”按钮来更改文字的颜色，如图2-47 所示，从而轻松实现文字颜色的个性化设置。

图2-46

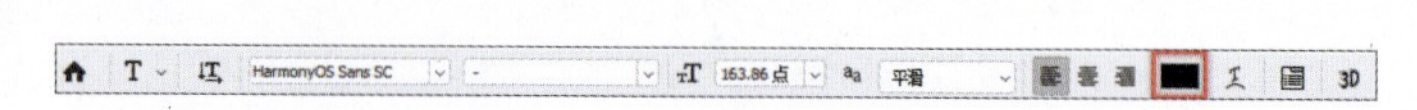

图2-47

若要尝试使用“画笔工具”在文字图层上进行绘制，系统会提示错误，或者在绘制时自动创建新的图层。为了解决这个问题，可以右击文字图层，并在弹出的快捷菜单中选择“栅格化图层”选项。这样，就可以在该图层上进行绘制了。但请注意，一旦栅格化，将无法再使用文字工具对该图层进行编辑。因此，在栅格化之前，请确保已经完成了所有必要的文字编辑工作。

1. 点文本

使用“横排文字工具” T. 来输入文字时，可以通过按快捷键 Ctrl+C 来复制选中的文字，随后再按快捷键 Ctrl+V 进行粘贴。此时会发现，这个文字图层可以无限延伸，并不会在碰到画布边缘时自动换行，如图2-48 所示。若要手动换行时，只需按 Enter 键，即可在新的一行开始输入文字，如图2-49 所示。在 Photoshop 中，这种可以无限延伸的文字类型通常被称为“点文本”。

图2-48

图2-49

2. 段落文本

段落文本与点文本在根本上有所不同。在输入这种类型的文本时，依然使用文字工具，但操作方法略有差异。需要按住鼠标左键并拖动，此时会出现一个不停跳动的虚线框。释放鼠标后，该虚线框会转变为一个文本框，如图2-50 所示。此时，即可在文本框中输入文字。通过这种方法输入的文本被称为“段落文本”。

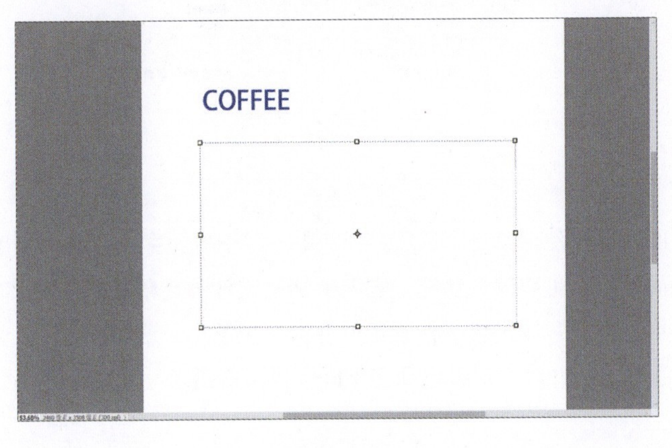

图2-50

继续进行复制粘贴的操作时，你会发现，当文本触碰到文本框的边缘时，它会自动换行，如图2-51 所示。而在反复粘贴的过程中，你会发现，在粘贴了 3 行之后，下面的部分文字看不到了。此时，当把鼠标指针放在文本框边缘的小方块（即控制点）上时，往下拖动它，被隐藏的部分文字就会显现出来，如图2-52 所示。

图2-51

图2-52

2.3.2 文字格式

在使用文字工具输入文字时，需要在选项栏或“字符”面板中设置字符的各项属性，这些属性包括字体类型、字体大小和文字颜色等。文字工具的选项栏如图2-53 所示，供用户进行详细的字符属性设置。

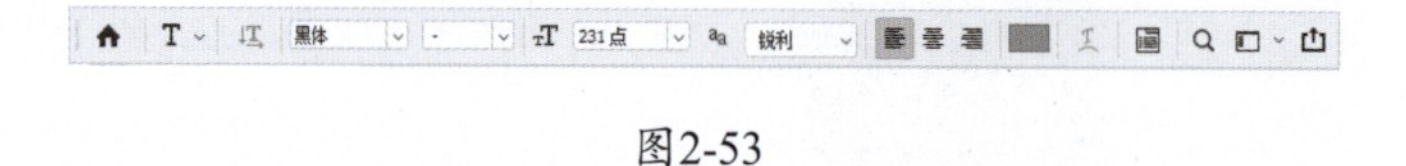

图2-53

1. 字体

首先，选中一段文字后，选项栏上方的第一个下拉列表用于选择字体。该下拉列表中的字体与计算机字体库保持一致。如果计算机上安装了多种字体，那么就能在此处看到众多不同的字体选项，如图2-54 所示。

图2-54

2. 字重

在选项栏中，字体选项后通常会有第二个选项——字重，用于调整字体的粗细程度，如图2-55 所示。这个字重选项对于专业设计师而言是不可或缺的功能，它能够帮助设计师更精细地调整文本的视觉效果。然而，并非所有字体都支持调节字重，很多字体只有一种固定的字重（粗细）。通常情况下，只有那些广泛使用的正文字体才会提供多种不同的字重选项，以满足设计师在不同场景下的需求。

3. 字号

在选项栏的字体选项之后，通常会出现第 3 个选项，这里会列出一些标准的字号供用户选择，如图2-56 所示。不过，设置时并不局限于这些预设的标准字号，还可以根据需要手动输入具体的字号数值，以实现更为灵活的文字大小调整。

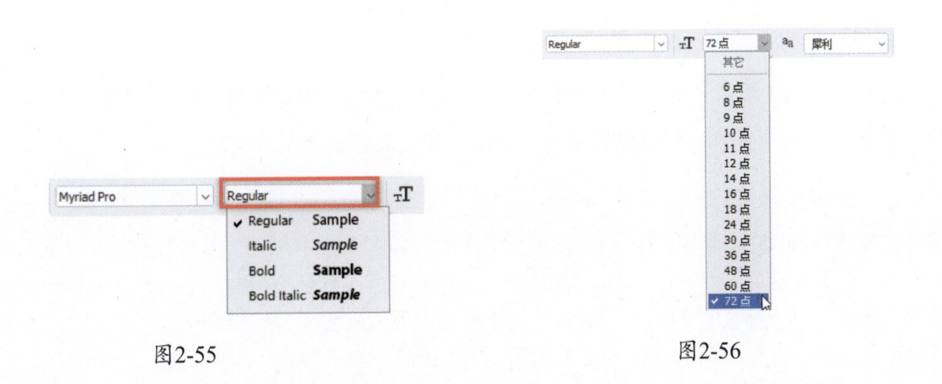

图2-55　　　　图2-56

小技巧：若要快速进入文字的自由变换状态，可以在编辑文字时，按住Ctrl键，这样会立即进入文字的自由变换模式，方便用户对文字进行各种变换操作。

2.3.3　字符和段落

要熟练掌握 Photoshop 中的“字符”和“段落”面板中的各项参数设置及其具体含义，并能通过这些参数灵活调整文字的形态。本节将通过实战案例，带领大家深入了解文字的排版规律。在需要编辑文本字符格式时，可以执行“窗口”→“字符”命令，调出如图2-57 所示的“字符”面板。利用该面板，可以轻松对文本字符进行详尽的格式设置。

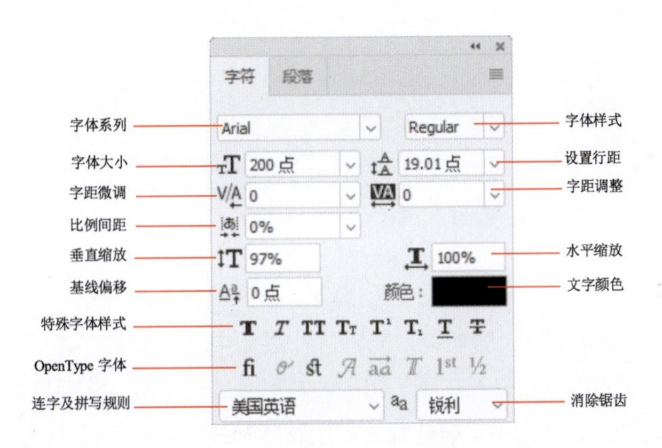

图2-57

“字符”面板中的各选项说明如下。

- 设置行距：行距指的是文本中各行之间的垂直距离。可以从下拉列表中选择预设的行距，或者在文本框中输入具体数值来自定义行距。
- 字距微调：该选项用于精细调整两个字符间的间距。操作时，首先在需要调整的两个字符间单击以设置插入点，随后调整相应数值。
- 字距调整：当选中部分字符时，此选项可调整所选字符的间距；若未选中任何字符，则调整的是全部字符的间距。
- 比例间距：用于设置所选字符的按比例调整的间距。
- 水平缩放/垂直缩放：水平缩放可调整字符的宽度，而垂直缩放则用于调整字符的高度。

- 基线偏移 ：此选项用于控制文字与基线的相对位置，可升高或降低所选文字。
- OpenType字体：这类字体提供了当前PostScript和TrueType字体所不具备的额外功能。
- 连字及拼写规则：允许为所选字符设置与连字符和拼写规则相关的语言选项。

答疑解惑：当输入的文字没有显示在画布上时，可能是设置出现了问题。可以尝试以下几种方法来解决。检查文字颜色是否与背景色相同，如果相同，则尝试更改文字颜色以确保文字可见；按快捷键Ctrl+T进入自由变换模式，检查文本框的位置是否超出了画布范围，如果是，调整文本框位置至画布内；检查文字图层是否被上层图层遮挡，如果是，尝试调整文字图层的顺序，确保其位于上层可见图层之下；如果文档尺寸过大而文字尺寸过小，可能会导致文字不可见，此时，可以尝试调整文档或文字的大小，以确保文字能够在画布上清晰显示。

2.3.4 文字相关快捷键

启动 Photoshop 后，执行“文件”→“新建”命令，可以新建一个空白文档。接下来，按文字工具的快捷键 T，即可在画布上单击并输入文字。在调整文字格式时，可以使用以下快捷键：字间距调整可以按 Alt+ 左右方向键；行间距调整则按上下方向键。若需调整文字大小，快捷键为 Ctrl+Shift+< 或 Ctrl+Shift+>。另外，填充前景色的快捷键是 Alt+Delete，而填充背景色的快捷键是 Ctrl+Delete。请注意，Backspace 键通常用于删除操作，并不适用于这些快捷键。

答疑解惑：文字编辑完成后，需要执行相关操作才能使其生效。如果未执行这些操作，则所做的编辑将不会产生任何效果，除非单独选中并修改了需要更改的字符。因此，在完成文字编辑后，请确保执行了必要的操作以保存和应用更改。

2.4 修复工具

Photoshop 中的修复工具具备强大的功能，能够修补图像中的瑕疵并恢复细节。这些工具包括“修补工具”“污点修复画笔工具”“内容感知修补工具”和“仿制图章工具”等，它们可以方便地去除图像中的斑点、裂痕或多余对象。同时，这些工具还运用了智能算法和纹理匹配技术，以确保修复效果自然流畅，不留痕迹。

2.4.1 污点修复画笔工具

“污点修复画笔工具” 是修复图像细节的得力助手，它能够迅速去除瑕疵并还原图像的本来面目。这一工具主要通过智能地填充周边区域来修补污点、划痕或其他多余元素，特别适用于人像修饰和小范围的精细修复。在工具选项栏中，可以方便地选择画笔的大小和类型，如图2-58 所示，以满足不同的修复需求。

“污点修复画笔工具”选项栏中的主要选项含义如下。

- 画笔大小与硬度
  - 大小：允许根据待修复区域的大小来调整画笔的直径，确保修复范围精确可控。
  - 硬度：调整画笔的硬度可以改变修复效果的自然程度。较低的硬度设置可以使修复的边缘更加柔和，非常适合处理边缘柔和的瑕疵，从而使修复效果更加自然。

图2-58

- 类型
  - » 内容感知：选择此模式时，工具会自动分析并填充合适的内容，适用于大多数修复场景。
  - » 近似匹配：选择此模式时，工具会使用周围的颜色来匹配并填充目标区域，确保色彩一致。
  - » 创建纹理：当需要填补较复杂的背景时，选择此模式可以生成新的纹理，以更好地融入原有图像。

在工具箱中选择“污点修复画笔工具”，并在“模式”下拉列表中选择“近似匹配”选项。接着，将鼠标指针移至需要修复的瑕疵处，单击即可进行修复。此时，工具会自动分析并取样周围区域的纹理和颜色，以实现自然且精准的修复效果，如图2-59 所示。

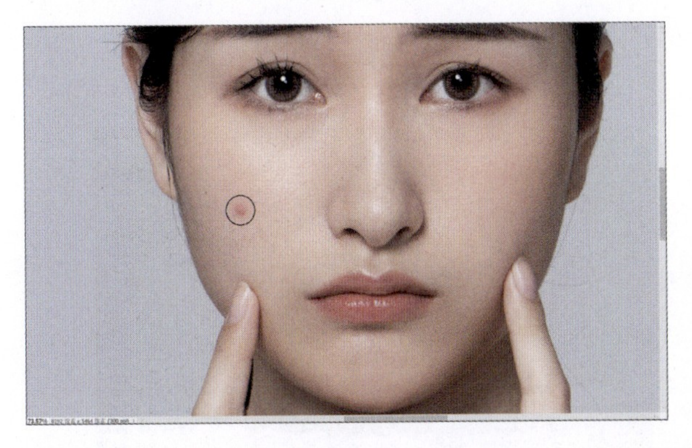

图2-59

2.4.2　实战：使用移除工具移除干扰物

“移除工具”借助内容识别技术，能够自动识别并替换图像中不需要的区域，其操作简单易用，非常适合用于快速修饰大面积或复杂区域。在 Photoshop 2025 中，“移除工具”新增了“查找干扰”和“模式”两个功能。如图2-60 所示，“查找干扰”功能可以智能识别并移除图像中的电线、背景人物等干扰元素，而“模式”功能则允许用户自主选择在使用“移除工具”时是否启用 AI 辅助，从而更灵活地进行图像处理。

图2-60

在常规操作中，通常建议选择“自动（可能使用生成式 AI）”模式，这样该工具可以自行判断是否需要启用 AI 功能来进行图像处理。具体的操作步骤如下。

01 启动Photoshop 2025，按快捷键Ctrl+O，打开素材文件，如图2-61 所示。

02 选择“移除工具”，在工具选项栏中的“模式”下拉列表中选择“生成式AI关闭”选项，使用“移除工具”涂抹需要移除的图像，如图2-62 所示，移除效果如图2-63 所示。

图2-61

图2-62

03 在工具选项栏中的“模式”下拉列表中选择“生成式AI开启”选项，移除效果如图2-64 所示。

图2-63

图2-64

在工具选项栏中的“查找干扰”中提供了一键式移除“电线和电缆”以及“人物”的功能，如图2-65 所示。该功能能够迅速且自动地识别图像中的电线、电缆和人物，并通过一键操作实现快速移除，极大提高了图像处理的效率，具体的操作步骤如下。

01 启动Photoshop 2025，按快捷键Ctrl+O，打开素材文件，如图2-66 所示。

02 选择“移除工具”，在工具选项栏中单击“查找干扰”中的“电线和电缆”按钮，如图2-67 所示。移除电线和电缆的效果如图2-68 所示。

图2-65　　图2-66

图2-67　　图2-68

03　去除画面中的干扰人物，按快捷键Ctrl+O，打开素材文件，如图2-69 所示。

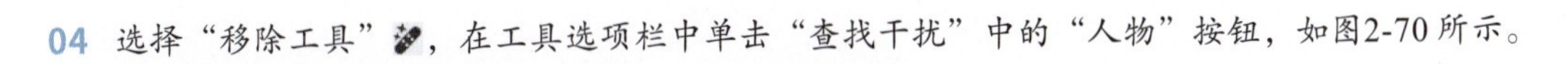

04　选择“移除工具”，在工具选项栏中单击“查找干扰”中的“人物”按钮，如图2-70 所示。

图2-69

图2-70

05　此时，软件将自动识别图片中的背景人物并进行选取，如图2-71 所示。若存在未被识别出且需要移除的人物，可以使用“移除工具”进行手动补充，以确保图像的最终效果符合需求。

06 确定识别无误后，按Enter键确定，移除人物的效果如图2-72 所示。

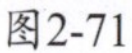
图2-71

图2-72

2.4.3 实战：使用修补工具修补画面

“修补工具”是一种既灵活又强大的图像修复工具。它通过框选和拖动的操作方式，能够轻松修补图像中不需要的区域，尤其适合进行大范围修复，特别是在纹理复杂的场景中表现尤为出色。与其他修复工具相比，“修补工具”需要用户手动选择参考区域，从而提供了更高的控制性和精准度，具体的操作步骤如下。

01 启动Photoshop 2025，按快捷键Ctrl+O，打开素材图片，如图2-73 所示。

图2-73

02 选择“修补工具”，在图像中框选需要去除或修补的区域。之后，单击并拖动选区内部，将其移至合适的参考区域，也就是希望用来替换问题区域的图像部分，如图2-74 所示。一旦拖动到位，释放鼠标，软件将自动完成修补操作，如图2-75 所示。

图2-74

图2-75

2.4.4 实战：仿制图章工具复制元素

执行“窗口”→“仿制源”命令，即可在视图中显示“仿制源”面板，如图2-76所示。

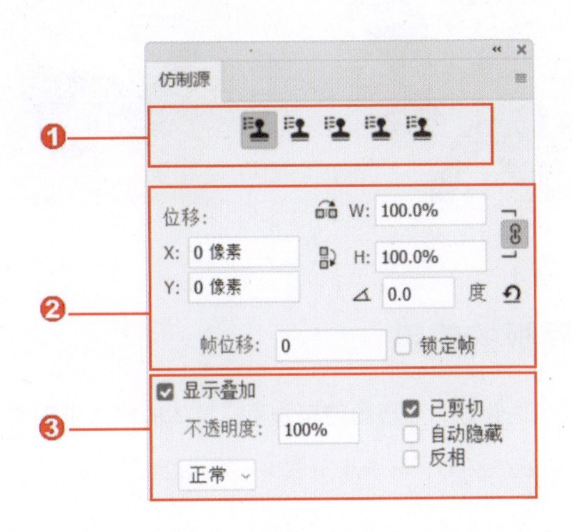

图2-76

在图像修饰过程中，若需要设定多个仿制源，可以在“仿制源”面板中轻松切换。此外，还能动态调整各个克隆源区域的大小、缩放比例以及方向，这一功能显著提升了“仿制工具”的工作效率。“仿制源”面板中主要选项的含义如下。

- ❶ 仿制源：单击仿制源按钮，进而设定取样点，最多可设定5个不同的取样源。通过更改取样点，可以调整仿制源按钮所使用的源。“仿制源”面板将持续保存当前源，直至文件关闭。
- ❷ 位移：通过输入宽度（W）或高度（H）的值，可以对仿制的源进行缩放，默认情况下会保持长宽比例。如需要单独调整尺寸或恢复比例约束，可以单击“保持长宽比”按钮。在指定X和Y像素位移时，能够在相对于取样点的精确位置进行绘制。输入旋转角度值，则可以旋转仿制源。此外，还可以调整“帧位移”参数，或者选择“锁定帧”选项以固定帧位置。
- ❸ 显示叠加：若需要展示仿制源的叠加效果，可以选择显示叠加并设定相关选项。调整样本源叠加选项，有助于在使用“仿制图章工具”或“修复画笔工具”进行绘制时，更清晰地查看叠加效果与底层图像。在“不透明度”文本框中，可输入叠加的不透明度。选中“自动隐藏”复选框，可以在应用绘画笔触时隐藏叠加。如需更改叠加的外观，可以从“仿制源”面板底部的下拉列表中选择“正常”“变暗”“变亮”或“差值”等混合模式。选中“反相”复选框，则可反转叠加中的颜色。

“仿制图章工具”是一种实用的手动取样工具，它能够复制选定区域的像素，并将这些像素精确地“盖章”到目标区域，非常适合进行精细的图像修复和编辑工作，具体的操作步骤如下。

01 启动Photoshop 2025，按快捷键Ctrl+O，打开素材图片，选择“仿制图章工具”，按住Alt键，在画布中选择一个像素区域作为取样点（鼠标指针会变为十字形），如图2-77所示。

02 在释放Alt键后，将鼠标指针移至目标区域，并单击或拖动以复制先前取样点的内容到目标位置。在此过程中，“仿制图章工具”会实时跟踪取样点，确保纹理和颜色的连贯性得以保持，最终效果如图2-78所示。

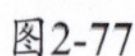
图2-77

图2-78

2.4.5 实战：仿制源面板的使用

本节以实战案例的形式讲述“仿制源”面板的使用方法，具体的操作步骤如下。

01 启动Photoshop 2025，按快捷键Ctrl+O，打开素材图片，如图2-79 所示。

02 选择“仿制图章工具”，并在工具选项栏中将“大小”值设置为175。接着，执行“窗口”→“仿制源”命令，以显示“仿制源”面板。在该面板中，单击“仿制源”按钮，并在画面中单击人物区域，从而建立一个仿制源。随后，在“位移”选项组中设置相应的参数，如图2-80 所示。

图2-79

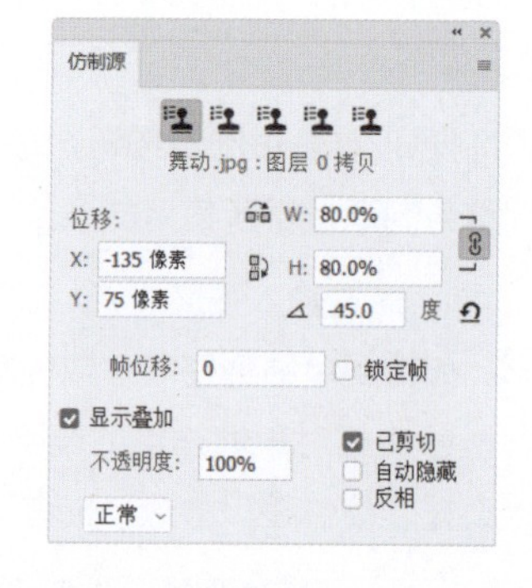

图2-80

03 选中“显示叠加”复选框后，当移动鼠标指针至图像上方时，会出现一个叠加层，这有助于观察叠加效果与底层图像的对应关系。在画面左侧适当位置单击，以确定仿制起始点，如图2-81 所示。

图2-81

2.5 综合实战：清明海报文字设计

本次实战案例将指导大家完成一张清明文字创意海报的制作，最终效果如图2-82所示。

图2-82

本实战案例的制作要点如下。

- 输入“晴”字并将其栅格化，以便对文字进行进一步的编辑。
- 将文字进行打散、变形和重组，对文字的形状进行创意调整。
- 用水滴形状替换部分文字的笔画，以增加视觉趣味性。
- 结合使用“套索工具”和选区功能，在文字内部填充出富有创意的不规则颜色效果。
- 添加背景图片，以增强海报的整体视觉效果，从而完成最终的海报设计。

第3章

图层世界：视觉的叠加与管理

图层是 Photoshop 中的核心功能之一，其引入为图像编辑带来了前所未有的便利。在过去，要实现某些复杂效果，可能需要进行烦琐的选区操作和通道运算。然而，现在通过应用图层以及图层样式，这些效果能够轻松实现，极大地简化了编辑流程。

3.1　图层的基本操作

本节将深入介绍图层的基本编辑操作，涵盖新建图层、复制图层、删除图层以及为图层命名等重要内容。这些基础技能是后续进行图层管理和高级编辑的基石，掌握它们将为高效完成工作任务奠定坚实基础。

3.1.1　基本属性

如图3-1 所示，在“图层”面板中已导入了 4 张不同的图片。然而，当前在画布上仅可见最上方的示例图片 4。这是因为 Photoshop 中的图层是按照特定顺序摆放的，“图层”面板中自上而下的排列顺序，即决定了它们在画布上的显示顺序。若将示例图片 1 拖至最上方位置，它会立即显现，如图3-2 所示，同时原先位于顶部的示例图片 4 则会被遮挡至下方。这表明图层之间存在一个明确的上下排列顺序。

若不希望示例图片 1 遮挡住下方的图片，可以选择稍微移动最上方的图层。使用“移动工具”，直接选中示例图片 1 并将其往右下方拖动一定距离，此时下方的图片便会显现出来，效果如图3-3 所示。

图3-1

图3-2

图3-3

3.1.2　新建图层

在 Photoshop 中，导入的每张图片都会自动转换为一个图层。此外，用户还可以在 Photoshop 中手动创建新的图层。只需单击“图层”面板下方的按钮，即可在当前文档中生成一个新的图层，如图3-4 所示。

若希望在创建图层的同时设置其属性，如名称、颜色和混合模式等，可以通过执行“图层”→“新建”→“图层”命令来实现。另外，按住 Alt 键并单击“创建新图层”按钮，也可以弹出“新建图层”对话框并进行相关设置，如图3-5 所示。

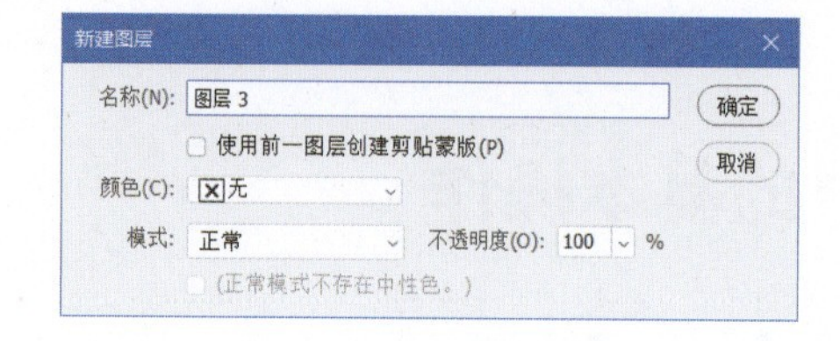

图3-4

图3-5

延伸讲解：在“新建图层”对话框的“颜色”下拉列表中选定一种颜色后，即可使用该颜色对图层进行标记。在Photoshop中，这种用颜色标记图层的方式被称为“颜色编码”。通过为特定图层或图层组设置独特的颜色，可以使其与其他图层或组明显区分开，从而更有效地识别和管理不同用途的图层。

使用“画笔工具” 在新建的图层 1 上进行绘画，效果如图3-6 所示。在“图层”面板中，图层 1 左侧的缩略图会实时显示绘画的内容。切换回“移动工具” 后，选定图层 1 并移动刚才绘画的内容，如图3-7 所示。可以明显感受到，这些内容仅存在于图层 1 上，与下方的其他图层完全无关。无论在图层 1 上绘制何种内容，都不会影响其他图层。

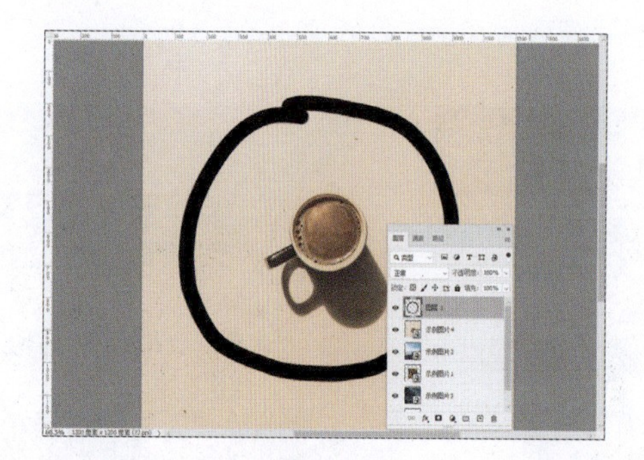

图3-6

图3-7

3.1.3 删除图层

在“图层”面板中，若需要删除某个图层，可以将其拖动至“删除图层”按钮 处，即可删除该图层，如图3-8 所示。此外，选中想要删除的图层后，按Delete 键也可删除当前选中的图层。

图3-8

3.1.4 图层的智能对象

若想在导入的图片上进行绘画，需要先选中该图片的图层。若直接使用“画笔”工具 进行绘画时遇到报错提示或系统自动新建图层，这通常是因为导入的图片被识别为智能对象。智能对象的图层缩略图右下角会有一个小图标，如图3-9 所示。要解决此问题，可右击该图层，并在弹出的快捷菜单中选择“栅格化图层”选项，以删除智能对象属性，如图3-10 所示。之后，即可在原图层上使用“画笔工具”进行绘画。

答疑解惑：智能对象是一种特殊的图层，它允许对素材进行非破坏性编辑，从而在一定程度上保护原始素材不被破坏。这意味着，在对智能对象进行编辑时，原始素材的质量和完整性得以保留。

当再次在图层上进行操作时，可能会发现，使用“橡皮擦工具” 擦除绘画痕迹的同时，也会擦除示例图片 4 的部分内容，如图3-11 所示。这是因为“橡皮擦工具”作用于当前选中的图层，会擦除该图层上的像素，从而使位于其下方的示例图片 2 显示出来。

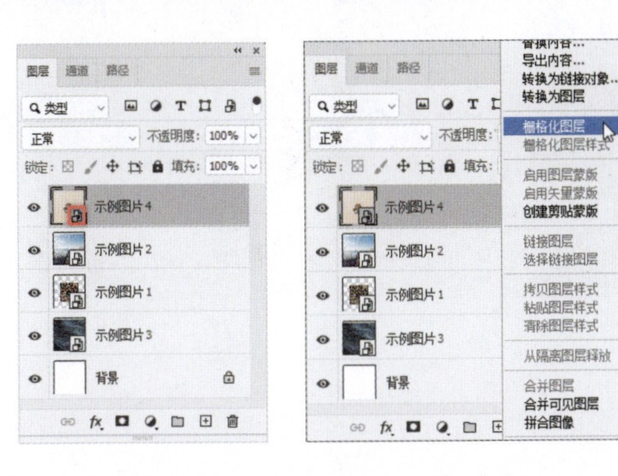

图3-9　　图3-10

图3-11

3.1.5 图层的不透明度

选中下方的“示例图片 4”图层后，会在“图层”面板上方看到不透明度和填充的百分比数值。单击右侧的下拉箭头按钮，会显示一个滑块。当将这个滑块从最右侧的 100% 逐渐向左移动时，会发现“示例图片 4”的不透明度逐渐降低，如图3-12 所示。当滑块被拖至 0% 时，“示例图片 4”将完全从画布上消失，变得完全透明，如图3-13 所示。

图3-12

图3-13

答疑解惑：不透明图层指的是图层的不透明度属性。其中，100%表示图层完全不透明，即图层上的像素完全遮盖了下方图层的内容；50%表示图层半透明，可以透过图层看到下方图层的一部分内容；而0%则表示图层完全透明，此时图层上的像素不会对下方图层产生任何遮盖效果，使下方图层的内容能够完全显现出来。

3.1.6 隐藏图层

每个图层左侧都有一个小眼睛图标，这个图标用于控制图层的显示与隐藏。例如，单击 COFFEE 图层左侧的小眼睛图标，该图层就会被隐藏，其内容会从画布上消失，如图3-14 所示。值得注意的是，这种消失只是暂时的，因为小眼睛图标可以随时重新点亮。当再次单击该图标后，COFFEE 图层的内容就会重新展现在画布上。

图3-14

3.1.7 修改图层的名称

若要修改图层的名称，可先选中该图层，然后执行“图层”→“重命名图层”命令，或者直接双击图层名称，如图3-15 所示。之后，在出现的文本框中输入新的图层名称，如图3-16 所示，即可完成重命名操作。

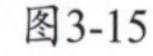

图3-15

图3-16

3.2 图层混合

混合模式的基本原理是调整当前图层颜色与下方图层颜色之间的混合方式，而不是直接更改图层内容，这与蒙版功能所产生的效果有所不同。通过熟练掌握图层混合模式的切换技巧，用户可以在使用各种工具时灵活调整图层间的颜色交互，从而提升设计的视觉效果。

3.2.1　基本原理

如图3-17 所示，在 Photoshop 中导入一张魔方图片后，使用“椭圆工具”绘制了一个蓝色的正圆来覆盖图片的部分区域。在当前的“正常”混合模式下，被正圆覆盖的魔方部分是完全不可见的。这是因为“正常”模式会使上方图层完全遮盖住下方图层的内容。

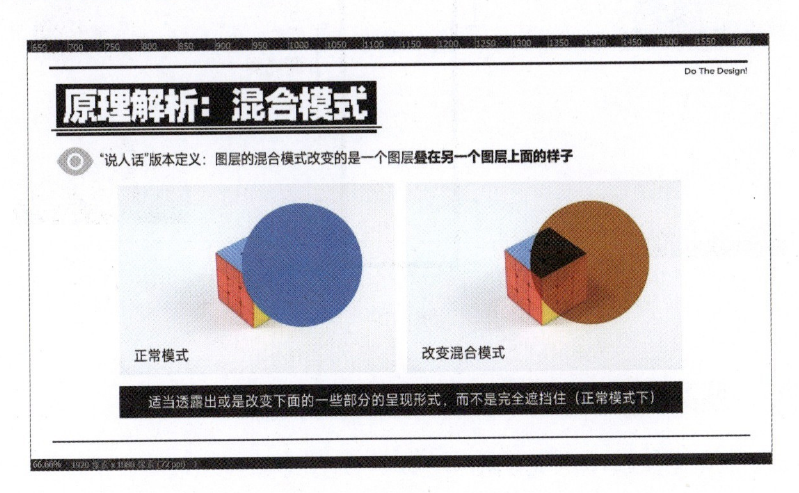

图3-17

然而，当将混合模式切换至其他选项时，可以明显观察到正圆产生的视觉效果发生了变化。例如，在某些混合模式下，正圆似乎变得具有半透明特性，使下方的魔方部分得以透过圆形显示出来。这种变化是由于混合模式对图层间颜色交互的特殊处理所导致的，它使上方图层与下方图层在视觉上产生了一种融合效果。

因此，调整图层混合模式，实质上是改变了图层叠加后的视觉呈现效果。通过利用图层自身的颜色特征，混合模式能够赋予下方图层更亮、更暗或截然不同的色彩效果，如图3-18 所示。这种调整方式丰富了图像的视觉效果，为设计工作提供了更多的可能性。

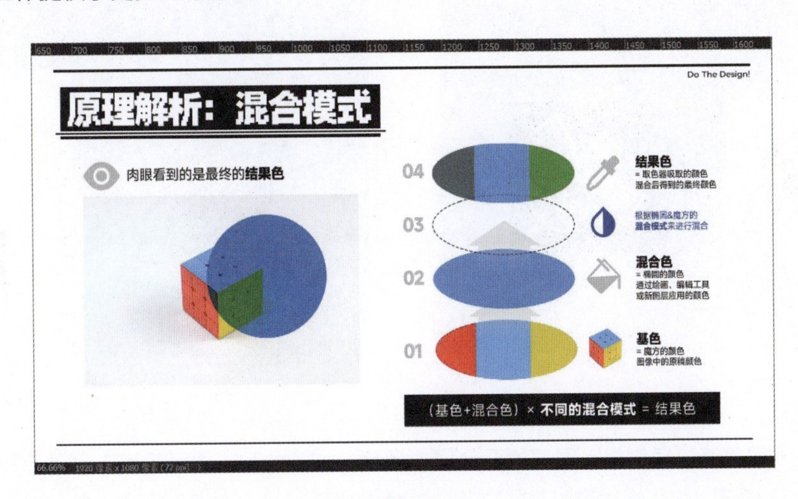

图3-18

在深入理解混合模式基本原理的基础上，我们将进一步探讨各种混合模式对图像产生的具体影响，并分析它们在实际应用中的适用场景。混合模式根据其功能特点，可以划分为三大类，如图3-19所示。

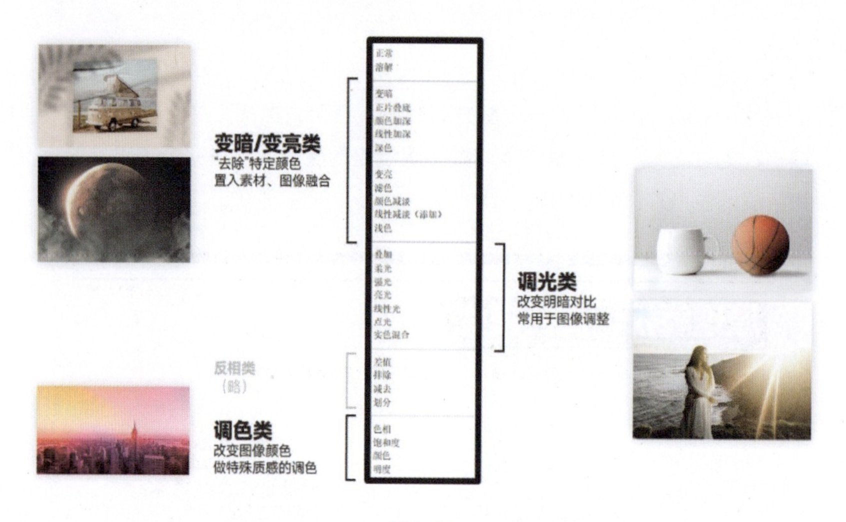

图3-19

3.2.2 变暗类、变亮类

混合模式是一项功能强大的工具，它允许用户以多样化的方式融合多个图层，从而创造出丰富多彩的视觉效果。在众多混合模式中，“变暗”和“变亮”类模式在图像处理中尤为常用。此外，混合模式还能辅助完成诸如抠图等复杂操作，进一步提高工作效率和设计灵活性。接下来，将通过实例探讨其工作原理。

首先，在宇宙星空的背景图上分别导入两张简笔画，一张为白底黑色线条，另一张为黑底白色线条，如图3-20所示。选中左侧的白底简笔画图层，在“图层”面板中，将混合模式从“正常”切换为“正片叠底”。此时，可以观察到该简笔画的白色背景被自动去除，仅保留了黑色线条部分，从而实现了简笔画的快速抠取效果，如图3-21所示。

图3-20

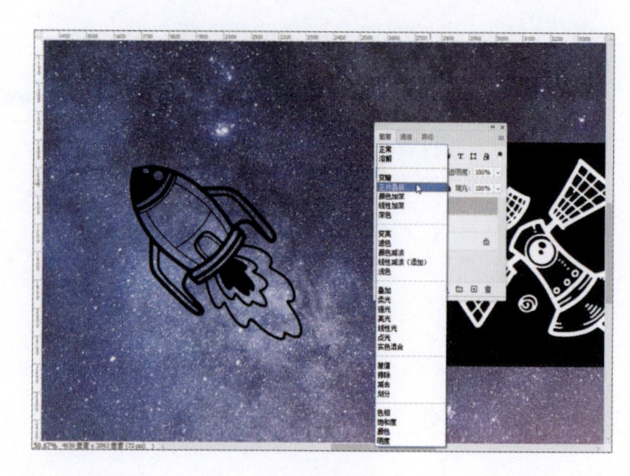

图3-21

对于右侧的黑底简笔画，只需将其图层的混合模式调整为“滤色”，即可轻松去除黑色背景，达到快速抠图的目的，如图3-22所示。但值得注意的是，这种方法并非严格意义上的抠图操作。若此时为该图层添加“颜色叠加”图层样式，会观察到样式的作用范围依然覆盖整个正方形图片区域，如图3-23 所示。这实际上是通过混合模式调整了背景颜色，并与下方图层叠加后产生的视觉效果，而并非对图层内容进行了真正的分离。

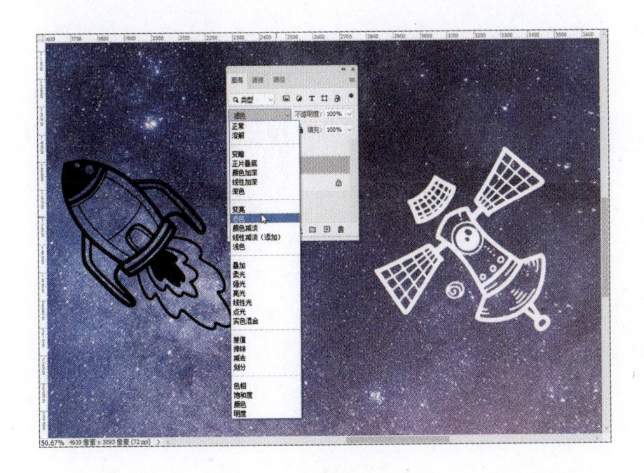

图3-22

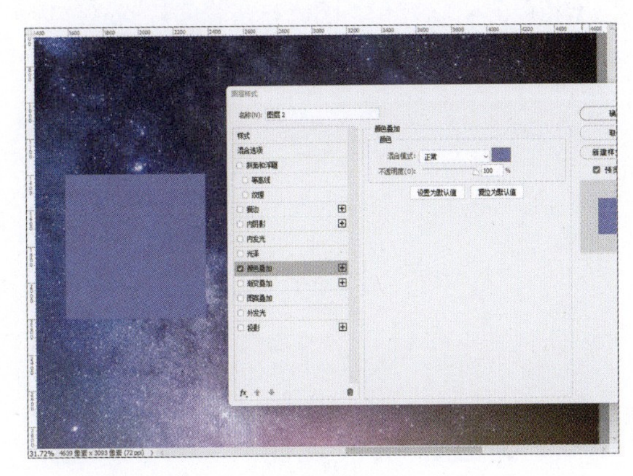

图3-23

在处理复杂图像时，例如希望将贴纸图案与杯子表面实现自然贴合的效果，可以通过将图层的混合模式调整为“颜色加深”来达成。这种设置使图案以更为生动自然的方式与杯子表面相融合，如图3-24 所示。该效果的实现原理在于，混合模式与下方图层的明暗颜色进行交互作用。具体而言，混合模式会提升亮部区域的明度，并适度降低暗部区域的明度，从而使贴纸图案展现出与杯身相似的明暗特征。因此，图案在放置后呈现出仿佛已真实贴附在杯子表面的视觉效果，增强了整体的真实感。

图3-24

3.2.3 调光类

当导入一张篮球图片并将其置于杯子旁边时，可以明显观察到篮球的立体感相较于杯子显得较弱，如图3-25 所示。为了增强篮球的立体感，可以采用上节所述的方法，即通过调整亮部使其更明亮、暗部更阴暗，从而显著增强画面的明暗对比度。这种处理方式对于提升图像的质感和视觉层次感具有至关重要的作用，能够使图像呈现更加逼真的实体感。

在图 3-25 中，杯子左侧明亮而右侧偏暗，这表明当前场景中有一束光线从左侧照射。然而，篮球并未展现出相应的明暗变化，因此与整张图片的光线环境显得不协调。

图3-25

3.2.4 实战：统一光影

为了使篮球更好地融入当前的光环境，可以利用调光类混合模式进行调整，以确保篮球与杯子展现出一致的光影效果。下面将详细介绍具体的操作步骤，帮助你实现这一调整，从而让篮球的视觉效果更为自然，并与整体画面达到和谐统一。

01 在这张图片上方新建一个空白图层，然后选择“画笔工具”。接下来，调整画笔的大小，并将“硬度”值设置为0%。

02 将前景色设置为白色，然后在篮球的左边缘勾勒一笔。接着，按快捷键Ctrl+Alt+G创建剪贴蒙版，将这一笔以剪切的形式贴合到篮球上。之后，将前景色更改为黑色，在篮球的右侧及下半部分绘制一些黑色区域，以增强光影效果，如图3-26所示。

图3-26

03 将混合模式改为“柔光”，如图3-27所示。为篮球添加投影，最终效果如图3-28所示。

图3-27

图3-28

利用调光类混合模式，能够灵活地调整图像的明暗部分，以满足特定的视觉需求。这类模式通常与画笔、填充颜色等工具相结合，即使在处理复杂场景时，也能通过精确控制图像的明暗关系，实现理想的效果。

3.2.5　实战：图像融合

如图3-29所示，如何将这两张图片进行融合，使人物自然地融入环境中呢？为了实现这一和谐效果，可以采用调光类混合模式。这种方法能够轻松达到我们的目标，具体的操作步骤如下。

图3-29

01 首先，将人物图片导入背景图片中，如图3-30所示。接着，按快捷键Ctrl+T进行自由变换，然后右击图片，并在弹出的快捷菜单中选择“水平翻转”选项，以实现图片的镜像翻转，如图3-31所示。

图3-30

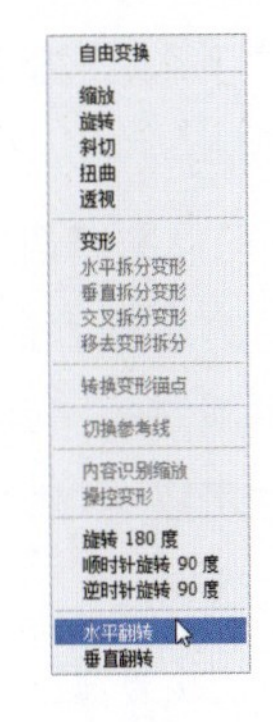

图3-31

02 使用选区和蒙版将人物抠取下来，如图3-32所示。

03 新建一个空白图层，按快捷键Ctrl+Alt+G剪切蒙版，随后使用“画笔工具”，先吸取背景图层中的亮色，按住Alt键，鼠标指针变成吸管工具，单击靠近光源处的亮色位置吸取颜色，如图3-33所示。

图3-32

图3-33

04 颜色吸取后，使用“画笔工具” 在人物受光处进行涂抹，再按住Alt键吸取背景中的暗色，如图3-34所示。

05 使用“画笔工具” 在人物背光处涂抹，如图3-35所示。

图3-34

图3-35

小技巧：如果不确定调整到何种程度最为合适，建议先设置混合模式，然后再使用“画笔工具”进行涂抹，以便更好地观察和调整效果。

在这里，可以选择调光类中的任意一种混合模式。通常情况下，为了找到最合适的效果，可以逐一尝试每种模式，并通过视觉判断来做出选择。然而，在某些情况下，也可以通过分析图片的光环境来推导应该使用哪种混合模式。

06 将正常模式改为强光，最终效果如图3-36所示。

图3-36

3.2.6　调色类

在学习了两种混合模式的应用后，大家应该对调色类混合模式的整体运用逻辑有了一定的了解。顾名思义，调色类混合模式主要用于调整图像的色彩和色调，其原理与之前接触过的色彩调整选项有一定的相似性。接下来，将详细讲解调色类混合模式的特点和具体应用，以帮助大家更好地掌握其在图像处理中的实际运用。

首先，导入一张图片，如图3-37 所示。然后，在图片上方新建一个图层，并将其填充为蓝色，如图3-38 所示。

图3-37

图3-38

调色类中的色相混合模式，其逻辑是基于基色（即下方图层）的亮度和饱和度，并用混合色（即上方图层）的色相进行替换。换句话说，该模式会保留基色的明暗和鲜艳程度，但会用混合色的颜色来替换它。因此，如图3-39 所示，画面会呈现一片蓝色。这与直接应用着色功能在视觉上有些类似，但色相混合模式并不会调整颜色的饱和度和明度，而是倾向于保持它们不变，只改变色相。

饱和度混合模式是将图像的饱和度和明度进行统一调整，而其他参数保持不变。如图3-40 所示，当调整为饱和度混合模式时，整个画面可能会呈现一种奇特的视觉效果。

图3-39

图3-40

当切换为“明度”混合模式时，整个画面会变为灰色调，如图3-41 所示。为了更好地理解这一模式的作用原理，可以使用拾色器来检验画面中不同区域的饱和度和明度数值。这样，我们就能直观地看到在明度混合模式下，饱和度和明度的具体变化情况。

颜色混合选项是综合性的，它能够将填充进去的蓝色融入下面的图片中，如图3-42 所示。这种效果最接近于着色的感觉。如果确实想要将画面整体变成一种颜色，使用颜色混合选项是最为稳妥的选择。

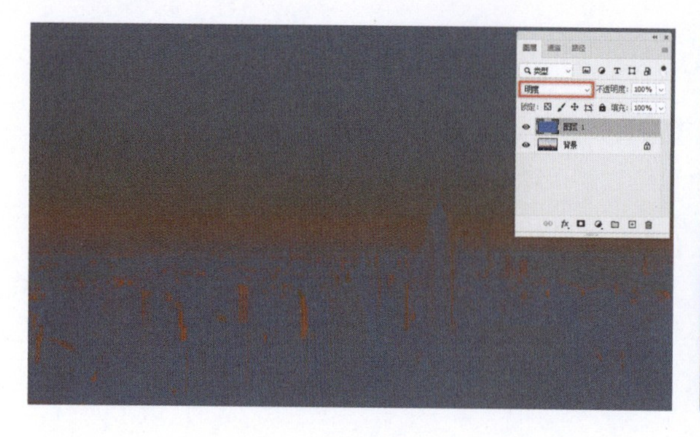

图3-41

图3-42

多数情况下，我们不会直接使用混合模式进行调色，因为相较于调整选项，它可能不够便捷。然而，混合模式的应用方式却极为多样化，能创造出丰富的视觉效果。例如，可以使用“渐变工具” 在图层上方填充一个渐变色，并将混合模式改为“颜色”，从而将图片调整为双色调风格，如图3-43 所示。当然，画面调整并不局限于调色类的几种混合模式，其他混合模式同样能带来出色的视觉表现。

图3-43

3.2.7 实战：双重曝光设计

本案例旨在制作一张“双重曝光”风格的海报设计图，主要通过运用各类混合模式来实现设计效果。最终完成的海报效果如图3-44 所示。

本实战案例的制作要点如下。

- 导入一张人像图片和一张风景图片。
- 调整风景图片的混合模式，以创造出双重曝光的效果。
- 为人像图层建立蒙版，并结合调整图层，将人像的亮部区域压暗，从而突出风景画面。
- 在风景图层上添加蒙版，并进行涂抹操作，使五官轮廓得以显现。
- 利用图层调整功能调整图像的色相和饱和度，并添加文字效果，以完成整体设计。

图3-44

3.3 图层样式

本节将深入探讨 Photoshop 中的图层样式功能。通过图层样式，用户能够为图像增添阴影、描边以及发光等别具一格的视觉特效，显著提升设计的质感，让原本平面的图层变得更为立体且富有生气。

本节将详尽介绍图层样式的各种具体效果，并探究其运用规律。此外，还将分享一些自行摸索和灵活运用图层样式的小窍门，帮助大家在设计中充分挖掘这项功能的巨大潜力。

3.3.1 “图层样式”对话框

如图3-45所示，“图层样式”对话框的左侧罗列了多种效果选项。若效果名称前的复选框内带有✓标记，即表示该效果已被添加到图层中。若需要停用某一效果，同时保留其参数设置，只需单击该效果前的✓标记即可。

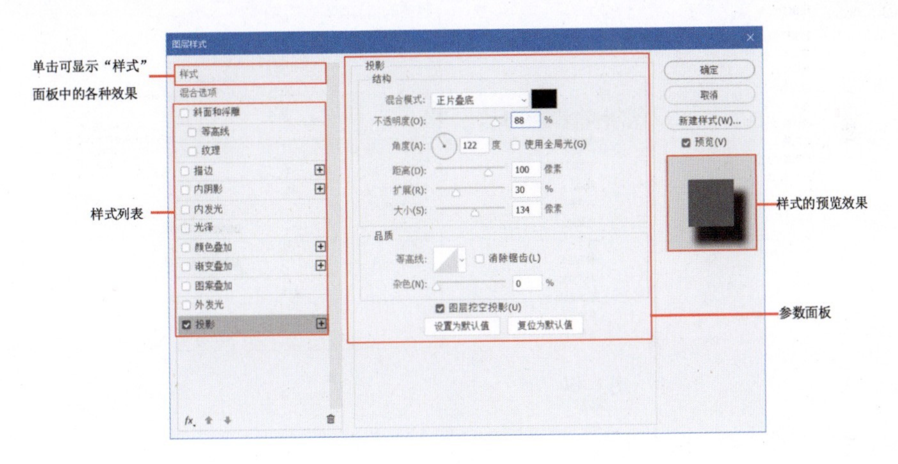

图3-45

延伸讲解：虽然使用图层样式可以轻松地实现特殊效果，但我们也应谨慎使用，避免滥用。在选择使用图层样式时，需要注意适用的场合，并合理搭配各种图层效果，以免效果适得其反。

3.3.2 实战：使用图层样式创建图形立体化效果

默认情况下，在弹出“图层样式”对话框后，会自动切换到“混合选项”选项区，如图3-46所示。该选项区主要用于设置一些常见的选项参数，包括混合模式、不透明度以及混合颜色等。

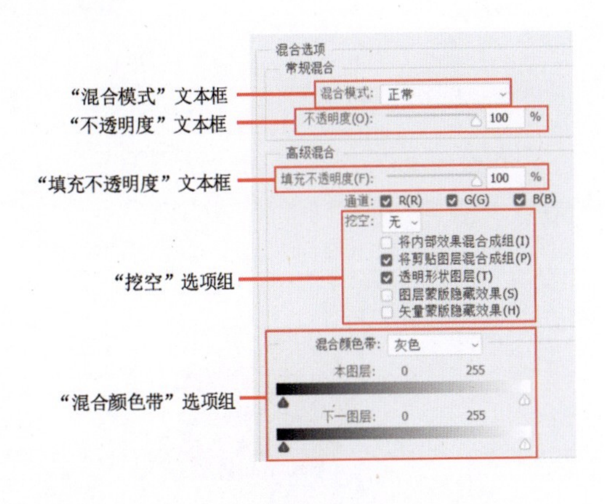

图3-46

若要为图层添加图层样式，首先需要在“图层”面板中选中目标图层，然后通过以下任意一种方式打开“图层样式”对话框。在该对话框的左侧，可看到列出的 10 种不同图层样式选项。只需选中样式名称前的复选框，即可为图层添加所选图层样式。

- 执行“图层”→“图层样式”子菜单中的样式命令，可以弹出“图层样式”对话框，并进入相应的样式设置选项卡，如图3-47 所示。
- 在“图层”面板中单击“添加图层样式”按钮fx，在弹出的菜单中选择一个样式选项，如图3-48 所示，也可以弹出“图层样式”对话框，并进入相应的样式设置选项卡。
- 双击需要添加样式的图层，可以弹出“图层样式”对话框，如图3-49 所示。

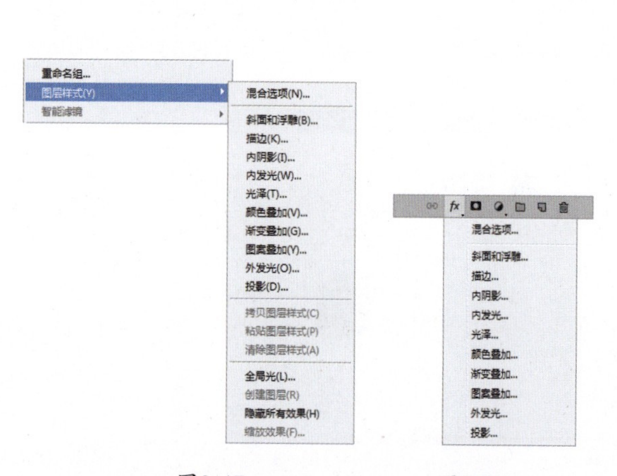

图3-47　　图3-48

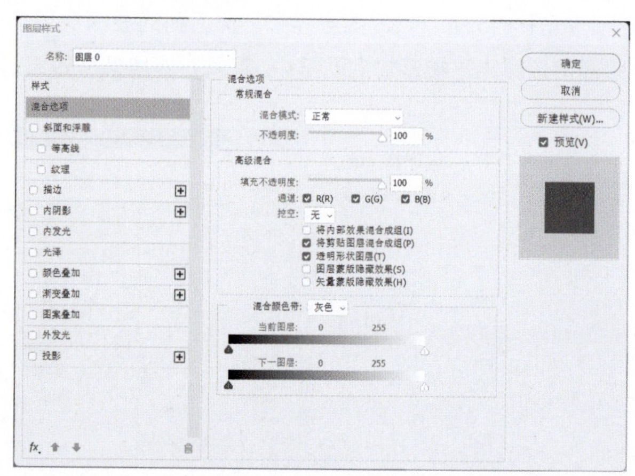

图3-49

图形立体化案例的具体操作步骤如下。

01 导入一张素材图片，如图3-50 所示。

02 在“图层”面板中单击“添加图层样式”按钮fx，在弹出的菜单中选择“投影”选项，如图3-51 所示。

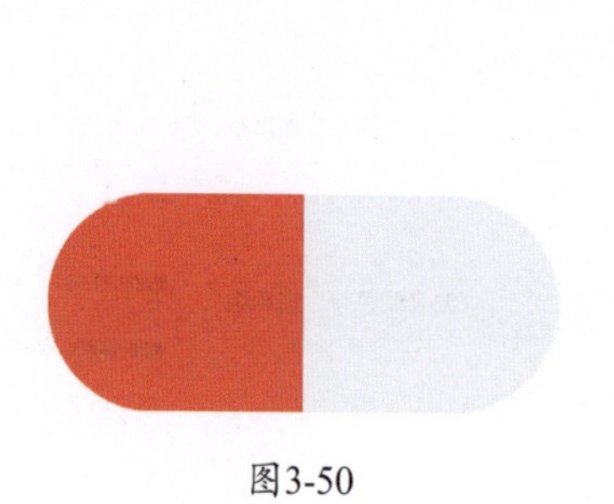

图3-50

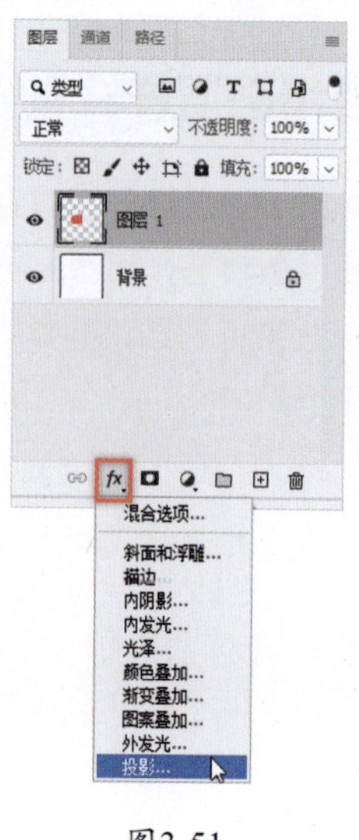

图3-51

03 在弹出的“图层样式”对话框中设置参数，如图3-52所示。

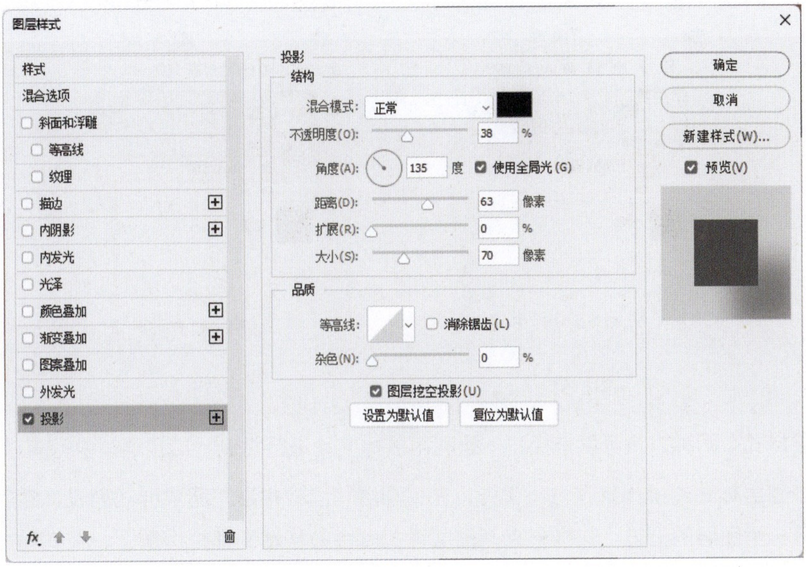

图3-52

04 在“图层样式”对话框左侧选中“斜面和浮雕”复选框并调整参数，如图3-53所示。单击“确定”按钮，即可选中的图层样式应用于图层。药丸的最终效果如图3-54所示，其变得立体且真实。

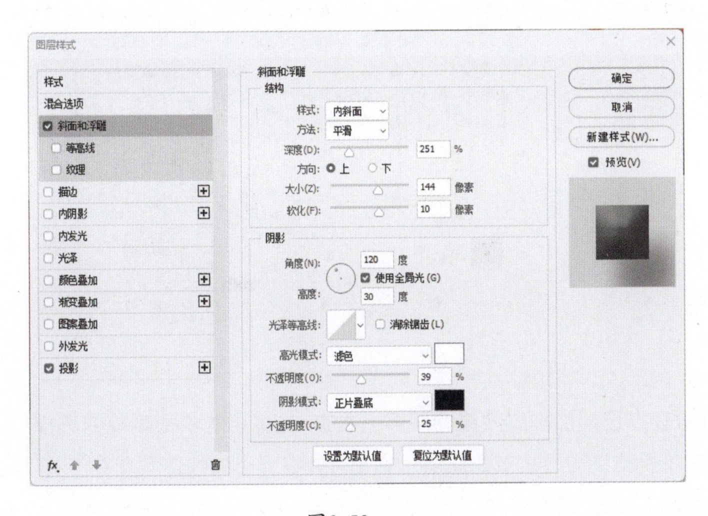

图3-53

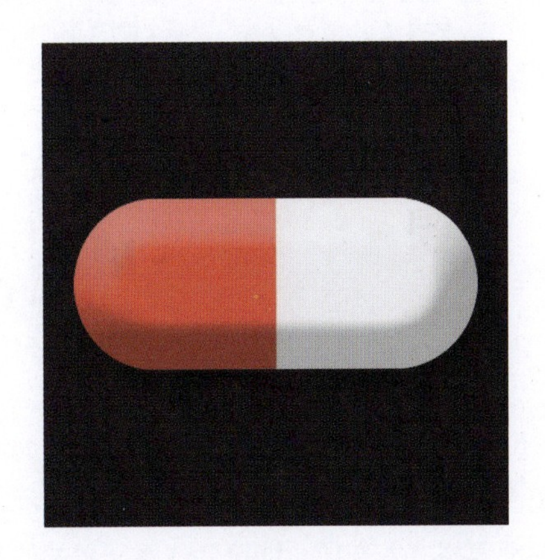

图3-54

添加的所有图层样式会转变为一系列效果选项，并排列在图层下方。这些选项前方都有一个小眼睛图标，如图3-55所示。这个小眼睛图标是控制样式效果显示与隐藏的开关。当单击它后，使其消失，相应的样式就会被隐藏，而图像会恢复到添加该样式之前的状态。

如果在添加样式后，不再需要这个样式，可以将其删除。删除样式的操作与删除图层类似：只需在“图层”面板中选中想要删除的样式，然后拖至右下角的“删除图层”按钮 上并释放鼠标，即可将其删除，如图3-56所示。

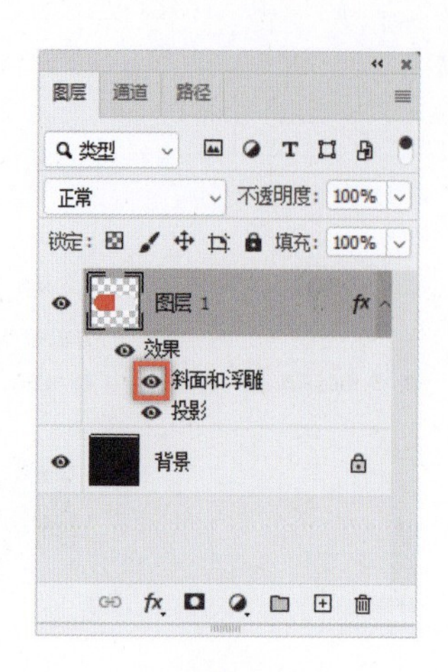

图3-55

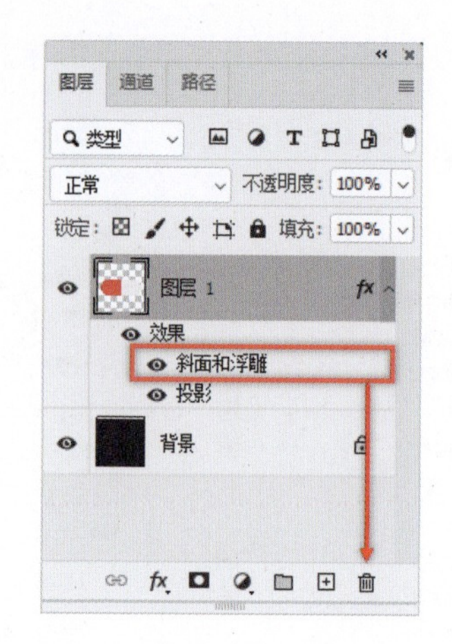

图3-56

快速复制图层样式有两种方法可供选择：一是利用鼠标拖动进行复制，二是通过执行菜单命令进行复制。

鼠标拖动复制图层样式的操作步骤为：首先，在“图层”面板中展开图层样式列表，然后拖动图层样式选项或其图标fx至另一个图层的上方。这样一来，图层样式就会被移动到那个图层上。在拖动过程中，鼠标指针会显示为形状，并附带样式标记fx，如图3-57所示。若希望在拖动鼠标指针的同时复制该图层的样式到另一个图层，只需在拖动时按住Alt键即可。此时，鼠标指针会变成形状，如图3-58所示。

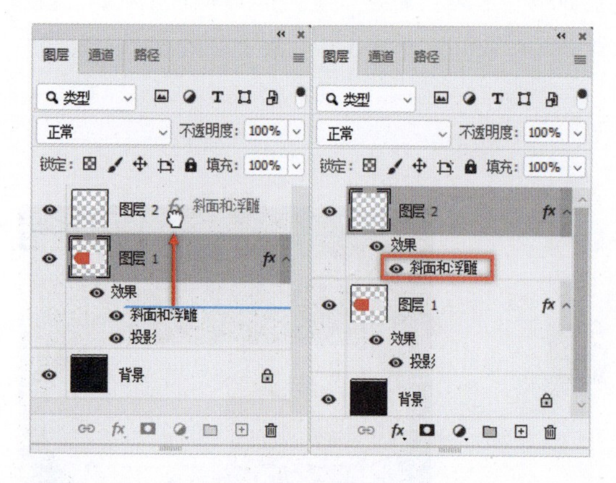

图3-57

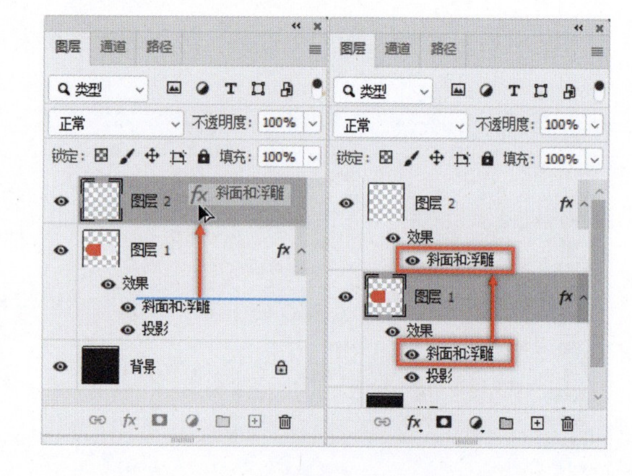

图3-58

菜单命令复制图层样式的操作步骤为：首先，在已添加样式效果的图层上右击，在弹出的快捷菜单中选择“拷贝图层样式”选项，如图3-59所示。然后，在需要粘贴图层样式的图层上右击，并在弹出的快捷菜单中选择“粘贴图层样式”选项，即可完成图层样式的复制与粘贴，如图3-60所示。

图3-59

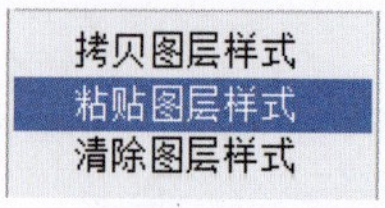

拷贝图层样式
粘贴图层样式
清除图层样式

图3-60

若需要对图层样式进行更为细致的编辑，可以栅格化图层样式。要对图层进行栅格化，可以右击需要栅格化的图层，在弹出的快捷菜单中选择“栅格化图层样式”选项，如图3-61所示。简而言之，栅格化是将图层样式与图片融合在一起。完成栅格化后，原先图层下方的图层样式将不再可见，如图3-62 所示。这些图层样式效果会被整合到当前图层中，与图像内容融合成一个整体。请注意，这是一个不可逆的操作，因此在操作前要谨慎考虑。

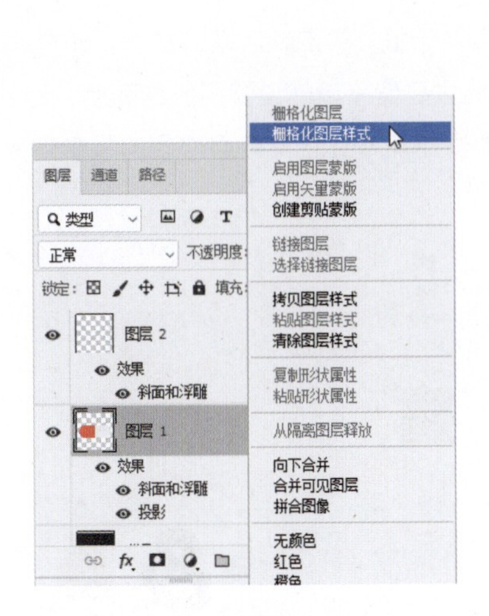

图3-61

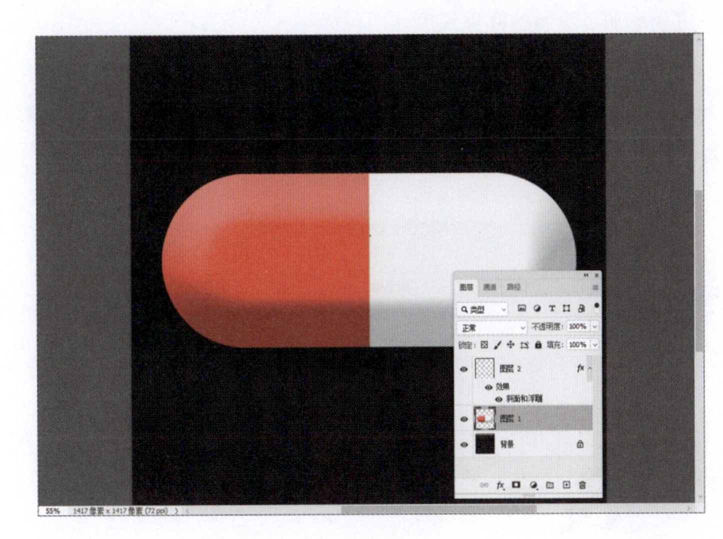

图3-62

如果不希望图层样式与原图融合在一起，有另一种操作方法可以实现样式的拆分。右击图层下方的样式效果，并在弹出的快捷菜单中选择“创建图层”选项，如图3-63 所示。执行此操作后，这些图层样式效果将被分离成单独的图层，并依附在当前图层下，如图3-64 所示。这样，即可单独编辑和调整每个样式图层。

图3-63

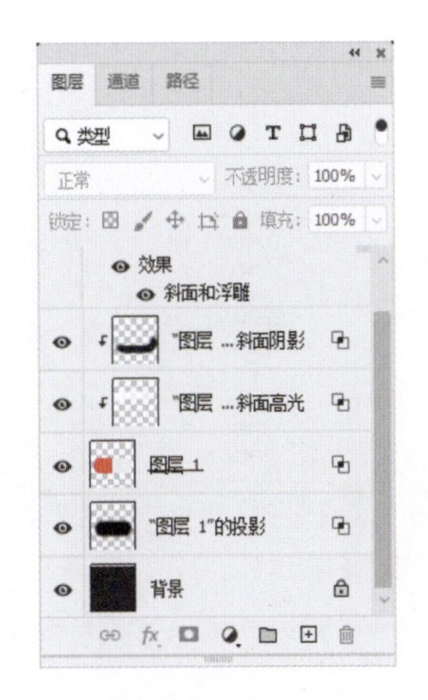

图3-64

3.3.3　阴影类图层样式

阴影类图层样式是指在图层下方添加一层阴影，使图层看起来与下方的图层之间存在一定的距离，从而让整个图像呈现更加立体的视觉效果。

1. 投影

在 Photoshop 中，通过“投影”图层样式，能够显著增强图像的视觉效果。该图层样式主要通过创建选区、应用调整图层以及设定特定的混合模式来实现。作为一种提升图像立体感的有效手段，它通过在图层上添加阴影，进而增加了图像的视觉深度。

要应用“投影”图层样式，可以按快捷键 Shift+F6，弹出“图层样式”对话框。在该对话框的左侧，选中“投影”复选框，然后根据需求调整各项参数。可以通过拖动滑块或直接输入具体数值来精确设置阴影的强度、大小、距离、不透明度以及混合模式等关键参数，如图3-65 所示。这样，即可为图像添加专业且富有层次感的投影效果。

Ps&Ai

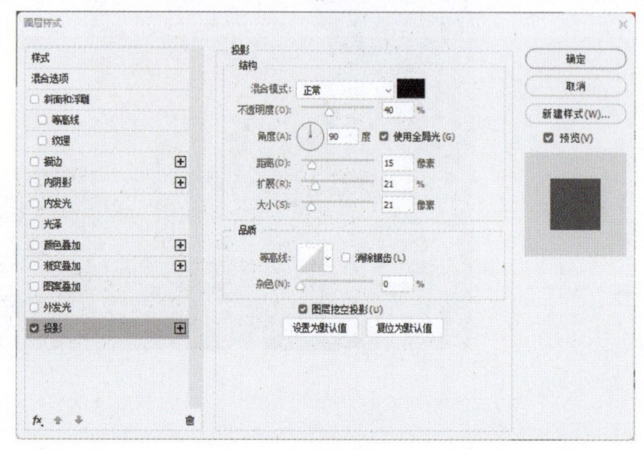

图3-65

2. 斜面与浮雕

“斜面和浮雕”图层样式是为图像营造深度感的常用手法之一。通过调整阴影和高光的强度，能够打造出丰富多样的视觉效果，如图3-66 所示。在创作过程中，可以根据个人喜好和需求，灵活选择创建内斜面或外斜面，从而决定阴影是呈现在图层的内部还是外部。

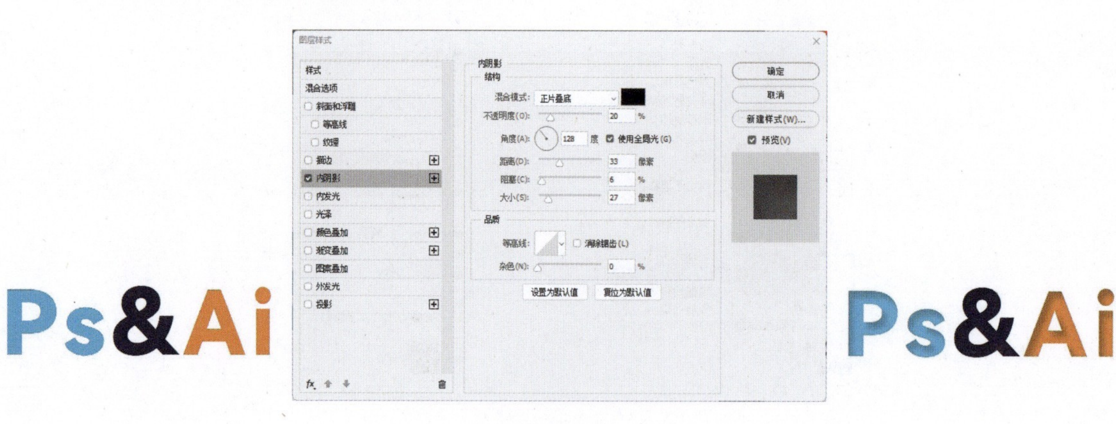

图3-66

3. 内阴影

“内阴影”图层样式是在图层内部创建的阴影效果，能够为图像增添深度和纹理感。与“外发光”图层样式的效果不同，“内阴影”图层样式的效果呈现在图层内部，从而使图像呈现更立体的视觉效果，如图3-67 所示。通过运用这种图层样式，可以让图像更加生动、富有层次感。

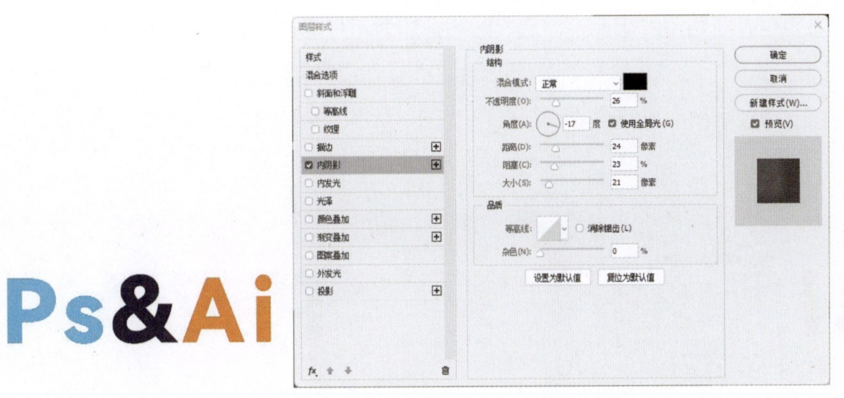

图3-67

3.3.4　叠加类图层样式

在“图层样式”对话框的左侧，可以找到叠加类图层样式复选框，它们的名称中都包含“叠加”这两个字。这些图层样式都属于叠加类的范畴，为图像处理提供了更多样化的选择。

1. 颜色叠加

“颜色叠加”图层样式是一种直接在图层上应用颜色效果的样式。通过调整混合模式和不透明度，可以改变叠加颜色的呈现效果。这种技巧通常被用于调整图像的整体色调，或者提升图像的色彩饱和度，如图3-68 所示。使用“颜色叠加”图层样式，能够使图像色彩更加丰富、生动。

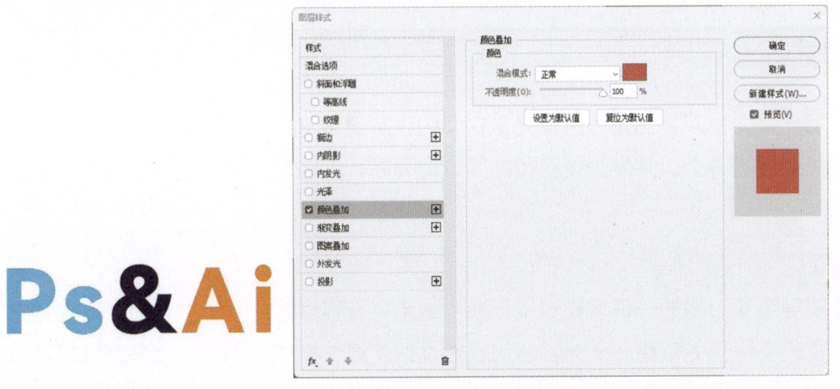

图3-68

2. 渐变叠加

“渐变叠加”图层样式是一种在图层上应用线性或径向渐变效果的样式。这种样式不仅能够增强图像的立体感和视觉深度，还可以为图像注入全新的色彩元素，如图3-69 所示。通过“渐变叠加”图层样式，可以轻松打造出更加丰富多彩、层次分明的图像效果。

3. 图案叠加

“图案叠加”图层样式允许在图层上叠加一个自定义的图案效果。用户可以从众多图案中选择，并通过调整图案的大小、位置以及混合模式，创造出多样化的视觉效果，如图3-70 所示。虽然 Photoshop 提供了一些预设图案，但选择相对较少，内容也有所局限。因此，自定义图案叠加为用户提供了更广阔的创作空间。

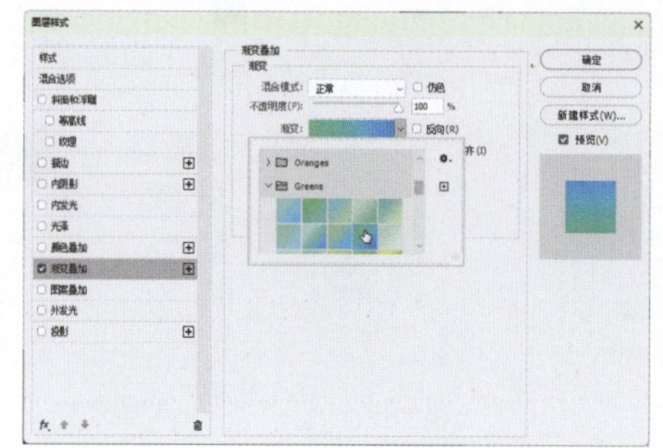

图3-69

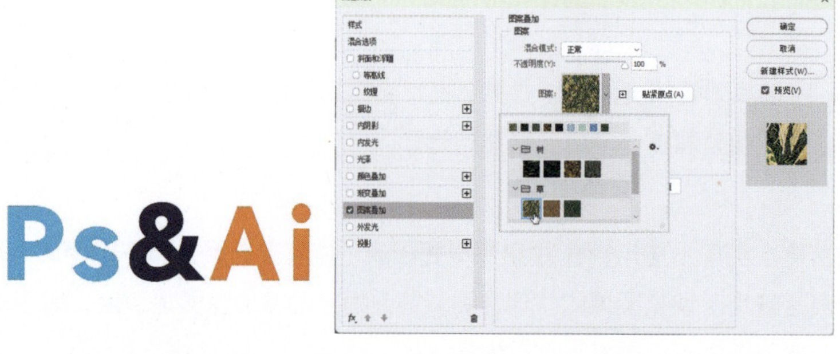

图3-70

3.3.5 发光类图层样式

发光类图层样式包含两种发光类型，即外发光和内发光，它们的作用逻辑与投影和内阴影颇为相似，区别主要在于发光效果呈现在图像外部还是内部。外发光使图像外围散发光芒，而内发光则在图像内部产生柔和的光亮效果。

1. 外发光

“外发光”图层样式是在图层边缘创建的一种发光效果，通常被用来增强图像的视觉冲击力。通过调整发光的颜色、大小和形状，可以实现多样化的效果。此外，还可以通过调整混合模式和不透明度来控制发光效果的范围和强度，如图3-71所示。

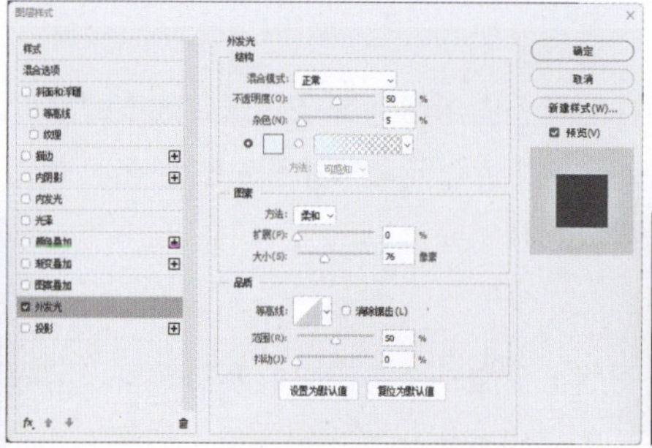

图3-71

2. 内发光

“内发光”图层样式是在图层内部创建的一种发光效果，常被用于突出某个元素或增强图像的立体感。通过调整发光的颜色、大小和形状，可以获得丰富多样的视觉效果，如图3-72 所示。

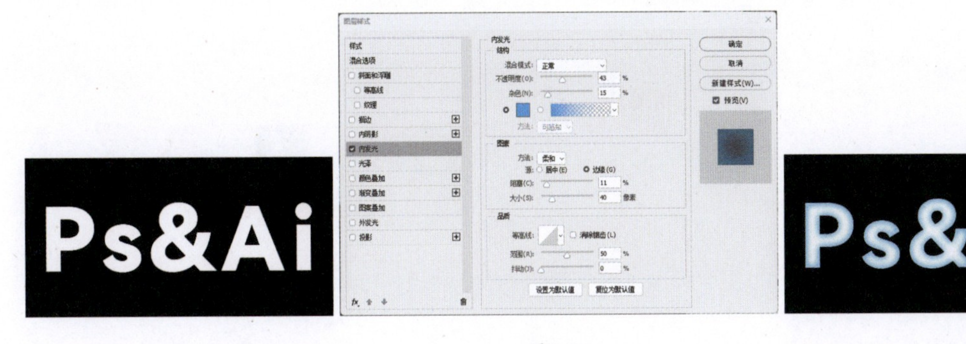

图3-72

3.3.6　描边图层样式

“描边”图层样式是在图层边缘创建线条效果的一种技巧。通过选择线条的颜色、粗细和类型，并调整其位置和混合模式，可以精准地控制描边效果的呈现范围。这种技巧通常被用于为图像添加精致的边框或轮廓，如图3-73 所示，从而增强图像的视觉效果和辨识度。

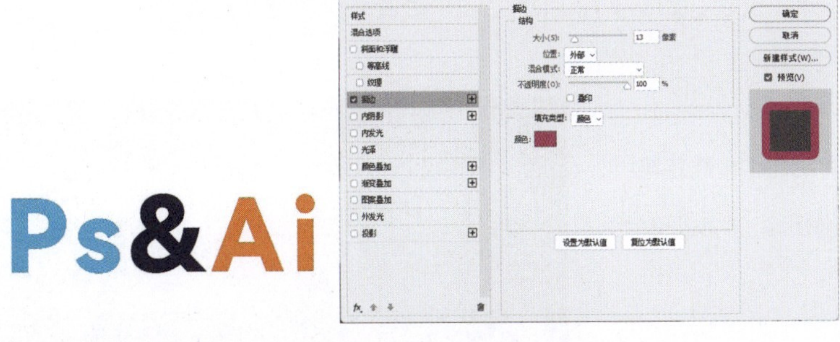

图3-73

有些图层样式支持多重叠加功能。在这些图层样式中，凡是右侧带有加号按钮的，都可以通过单击它来添加多个样式。以描边为例，只需单击其右侧的加号按钮，即可额外添加一个投影样式，如图3-74 所示。这一功能极大地丰富了图像效果的层次感和变化性。

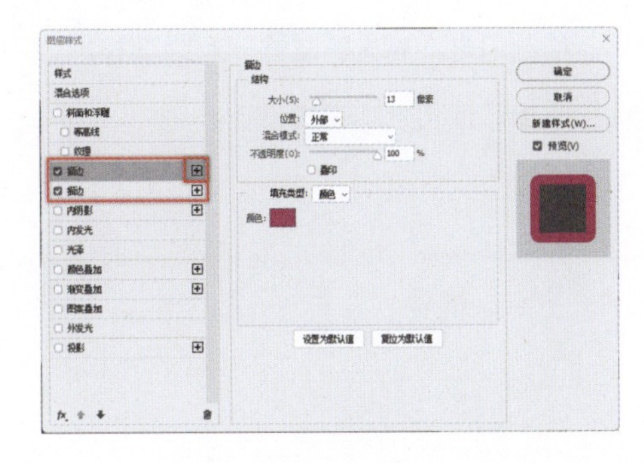

图3-74

当出现两个不同的描边样式时，这些描边效果会叠加在一起。如果将其中一个描边的大小缩小并更改其颜色，如图3-75 所示，可以清晰地看到，在文字周围呈现了一个两层描边的状态，如图3-76 所示。同样，这些效果也是可以删除的。例如，添加了两层投影，只需选中其中一个，然后单击右下角的“删除”按钮，即可将其删除。利用这种多重效果的特殊性，有时可以创作出非常酷炫的视觉效果。

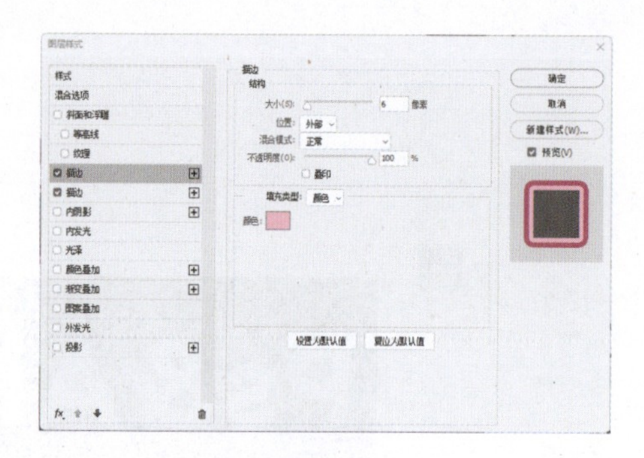

图3-75

图3-76

3.4 综合实战：绘制发光胶囊图标

在使用 Photoshop 进行 UI 设计时，主要依靠形状工具和图层样式效果。通过巧妙地结合这两种工具，我们可以创造出形态各异且质感丰富的 UI 设计，如图3-77 所示。这种组合不仅提升了设计的灵活性，还能让 UI 界面更加生动、吸引人。

本实战案例的制作要点如下。

- 创建新文档并用“渐变工具”制作背景效果。
- 使用“形状工具”绘制主图形，并添加发光和阴影样式。
- 利用“椭圆工具”和“模糊”滤镜制作光效与细节。
- 绘制闪电、高光等装饰元素并调整样式。
- 添加气泡和文字完成设计。

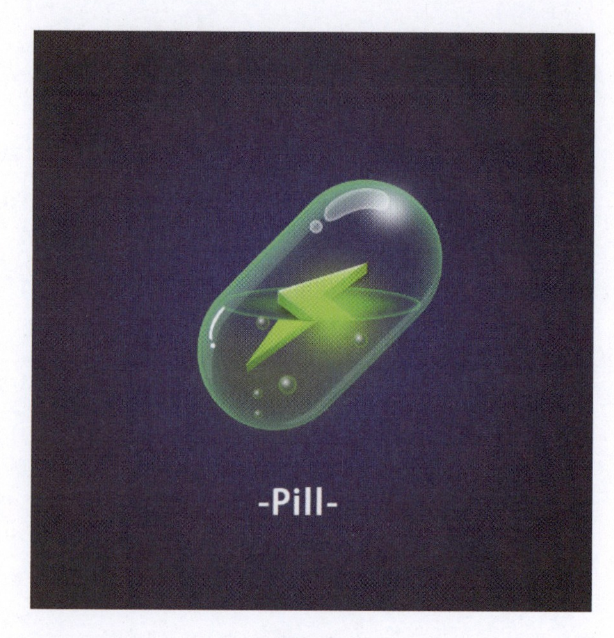

图3-77

第 4 章

图像控制核心：选区与蒙版的应用之道

选区工具在 Photoshop 中能够辅助用户精确地限定操作范围，它与众多功能操作紧密相连。其中，最为直观的用途便是协助用户实现特定图层内容的选取与分离，这一过程也常被大家俗称为“抠图”。

而蒙版功能则主要用于图像的修饰与合成。通过蒙版，用户可以轻松掌控图层区域的显示或隐藏，是图像合成过程中一种非常实用的技术。

4.1 认识选区

“选区”指的是选择的特定区域或范围。在 Photoshop 中，选区是通过图像上的动态（浮动）蚂蚁线来界定的，它用于精确限制操作范围，如图4-1 所示。当在 Photoshop 中处理图像时，经常需要对图像的特定部分进行调整。通过选定一个具体的区域，也就是创建“选区”，我们可以对选区内的内容进行编辑，同时确保选区外的内容保持不变，如图4-2 所示。

图4-1

图4-2

4.2 选区工具大搜罗

在 Photoshop 中，选区工具扮演着至关重要的角色，它们是一系列工具，能够用于精确地定义图像的特定区域，以便进行后续的裁剪、编辑或滤镜应用等操作。接下来，将简要介绍几种主要的选区工具。

4.2.1 选框类

选框类工具能够帮助用户绘制出简洁且规则的形状选区。

1. 矩形选框工具

“矩形选框工具”用于创建矩形或正方形的选区。在工具箱中选中“矩形选框工具”后，在图像上单击并拖曳，即可绘制一个矩形选区，如图4-3 所示。

小技巧：按住Shift键的同时，使用鼠标左键拖动可以创建正方形选区。

2. 椭圆选框工具

“椭圆选框工具”与“矩形选框工具”类似，但它用于创建椭圆形或圆形的选区。选择“椭圆选框工具”后，在图像上拖动鼠标即可绘制椭圆选区。若按住 Shift 键并拖动，则可以绘制出正圆形选区，如图4-4 所示。

图4-3

图4-4

4.2.2 套索类

套索类工具包含三种变体：普通套索、多边形套索和磁性套索。在使用操作上，它们的复杂程度依次递增，从简单到复杂。普通套索最为基础，多边形套索则增加了一些控制点，而磁性套索则能更智能地吸附到图像边缘，提供更高精度的选择。

1. 套索工具

“套索工具”允许用户在画布上手绘一个选区。使用方法是选中“套索工具”，然后在画布上按住鼠标左键并拖动，这样便可以绘制出任意形状的选区，如图4-5 所示。

图4-5

2. 多边形套索工具

使用“多边形套索工具”时，需要将鼠标指针移至画布上，并单击以确定第一个点。随后，拖动鼠标指针至下一个位置，并再次单击以设定第二个点。以此类推，每次单击均会增添一个新的点，进而构成多边形的一条边。当绘制完多边形并接近起始点时，“多边形套索工具”会自动识别并闭合选区，如图4-6 所示。此外，用户也可以手动闭合选区，只需将鼠标指针移动至起始点，在出现小圆圈时单击即可。

3. 磁性套索工具

“磁性套索工具”能够智能地检测图像中的边缘，并沿着这些边缘自动创建选区，这使其非常适合处理那些具有清晰边缘的图像，如图4-7 所示。

图4-6

图4-7

4.2.3 智能类

智能类工具可能是你在处理更复杂场景时的首选，这些工具能显著提高你的操作效率。

1. 魔棒工具

“魔棒工具”通过选取相似颜色的像素来创建选区，特别适用于背景色为纯色或与前景色有明显差异的图像。使用该工具，可以高效地在纯色背景或颜色对比明显的图像中创建选区。若要使用“魔棒工具”选取纯色背景，只需单击背景即可。若想选取与背景色不同的对象，如相机，可先选取背景，然后按快捷键Ctrl+Shift+I 进行反选，从而轻松选取相机，如图4-8 所示。

2. 快速选择工具

“快速选择工具”能够智能地检测图像中的边缘，并迅速创建选区，如图4-9 所示。此外，用户还可以通过调整画笔的大小和硬度，实现对选区范围和形状的精确控制。

图4-8

图4-9

4.3 选择基本操作

在 Photoshop 中，所有选区都具备一些共有属性，包括能够进行羽化、描边和填充操作，同时也支持进行加减运算。不同的选取工具之间可以灵活结合使用，以满足各种复杂的选取需求。在学习和使用这些选择工具和命令之前，建议先掌握一些与选区基本编辑操作相关的命令，从而为深入学习选择方法奠定坚实的基础。

4.3.1 全部与反选

执行“选择”→“全部”命令，或者按快捷键 Ctrl+A，可以选择当前文档边界内的全部图像，如图4-10 所示。创建选区后的效果如图4-11 所示。若执行“选择”→“反选”命令，或者按快捷键 Ctrl+Shift+I，则可以反选当前选区（即取消当前已选择的区域，而选择原先未选取的区域），如图4-12 所示。

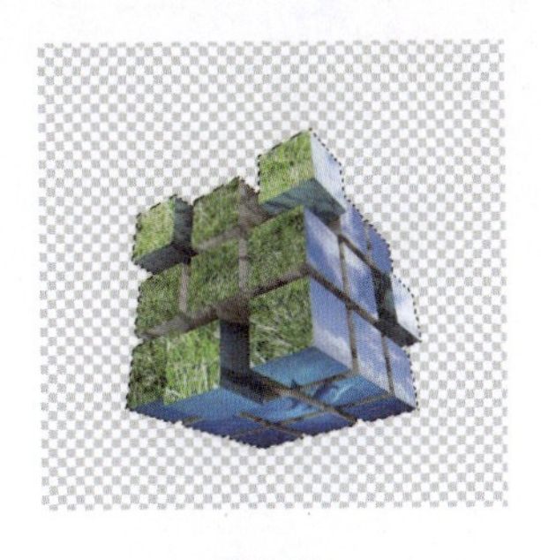

图4-10

图4-11

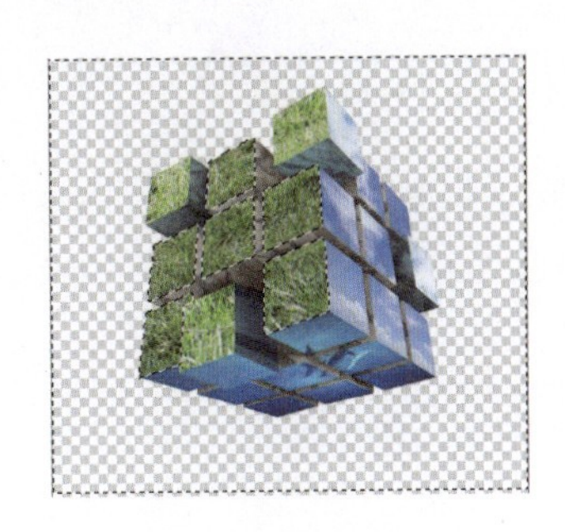

图4-12

延伸讲解：在执行“选择”→“全部”命令后，若按快捷键Ctrl+C，则可以复制整个图像。若文档中包含多个图层，并希望进行合并复制，应按快捷键Ctrl+Shift+C来实现。请注意，在实际操作中，确保已正确选择所需的图层或图像部分，以避免复制错误。

4.3.2 取消选择与重新选择

首先，创建一个如图4-13 所示的选区。随后，执行“选择”→“取消选择”命令，或者按快捷键 Ctrl+D，即可取消所有已创建的选区。另外，如果当前选中的是选择工具（例如选框工具、套索工具等），只需将鼠标指针置于选区内并单击，同样可以取消当前的选择，如图4-14 所示。值得一提的是，Photoshop 会自动保存上一次的选择范围。因此，在取消已创建的选区后，通过执行“选择”→“重新选择”命令，或者按快捷键 Ctrl+Shift+D，可以重新调出上一次的选区，如图4-15 所示。

图4-13

图4-14

图4-15

4.3.3 移动选区

移动选区操作能够改变选区的位置。在图像中使用选区工具绘制一个选区后，将鼠标指针置于选区范围内，此时鼠标指针会变为▹形状。单击并拖动鼠标，即可轻松移动选区，如图4-16和图4-17所示。在拖动过程中，鼠标指针会呈现为黑色三角形。若只需在小范围内或需要精确地移动选区，可以利用键盘上的←、→、↑、↓四个方向键来进行操作。每按一次方向键，选区会移动1像素。若按下Shift键的同时按方向键，选区则会一次移动10像素。

图4-16

图4-17

4.3.4 隐藏与显示选区

创建选区后，通过执行“视图”→“显示”→“选区边缘”命令，或者按快捷键Ctrl+H，可以隐藏选区。隐藏选区后，若使用画笔工具绘制选区边缘的轮廓或对选中的图像应用滤镜，能更清晰地观察选区边缘图像的变化情况，便于进行精细调整。

延伸讲解：隐藏选区后，虽然选区不可见，但它仍然存在并限定着操作的有效区域。当需要重新显示选区时，只需按快捷键Ctrl+H，即可使选区再次可见。

4.3.5 填充与描边

填充操作是指在选定的区域或整个图像内部填充特定的颜色，而描边操作则是为选区的边缘描绘出可见的线条。在执行填充和描边操作时，可以执行“填充”和“描边”命令，或者利用工具箱中的“油漆桶工具”来完成。

1. “填充”命令

“填充”命令是填充功能的重要扩展，其独特之处在于能够高效地保护图像中的透明区域，进而实现精准的图像填充。执行此命令的方法有两种：一是执行“编辑”→“填充”命令；二是直接按快捷键Shift+F5。操作后，将弹出如图4-18所示的“填充”对话框。

2. “描边”命令

执行“编辑”→“描边”命令后，会弹出如图4-19所示的“描边”对话框。在该对话框中，可以设置描边的宽度、位置以及混合方式，以满足不同的描边需求。

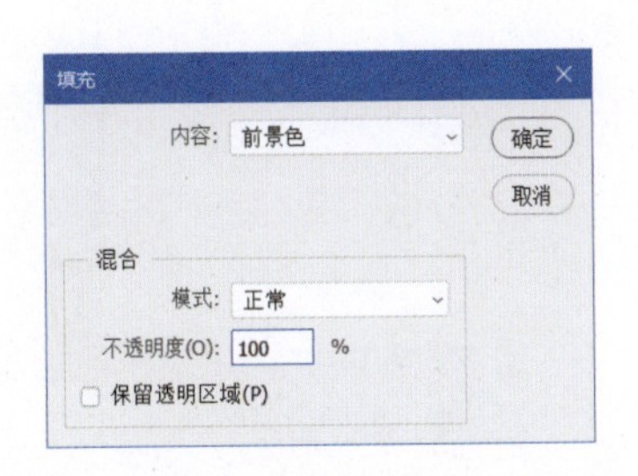

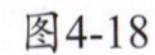
图4-18

图4-19

4.3.6　选区运算

在图像编辑过程中，有时需同时选取多个不相邻的区域，或者调整当前选区的面积。此时，可以在选区工具的选项栏上找到如图4-20 所示的按钮，利用这些按钮进行选区运算，以实现所需的选择操作。

图4-20

选区运算按钮的使用方法如下。

- 新选区：单击此按钮后，可以在图像上创建一个全新的选区。若图像上已存在选区，则每次新建选区时，都会替换掉之前的选区，如图4-21 所示。
- 添加到选区：单击此按钮或按住Shift键的同时进行拖动，此时鼠标指针下方会显示+标记。通过这种方式，可以将新建的选区添加到已有的选区中，实现选区的扩展，如图4-22 所示。

图4-21

图4-22

- 从选区减去：若要删除多余的选区部分，可以单击此按钮或按住Alt键。此时，鼠标指针下方会显示－标记。随后，使用“矩形选框工具”绘制需要减去的区域，即可从原选区中减去该部分，如图4-23 所示。

- ⧉与选区交叉：单击此按钮或同时按住Alt+Shift键，鼠标指针下方将显示×标记。此时，新创建的选区与原选区重叠（即相交）的部分将被保留，形成一个新的选区，而两者不相交的部分则会被删除，如图4-24所示。

图4-23

图4-24

4.3.7 羽化选区

“羽化”功能是通过在选区与其周围像素之间建立转换边界，以实现边缘的模糊效果。这种模糊处理会导致选区边缘的图像细节有所丢失。羽化功能常被用于创造晕边艺术效果。在工具箱中选择一种选择工具后，可以在工具选项栏的“羽化”文本框中输入所需的羽化值，进而建立带有羽化效果的选区。

首先，创建一个选区，如图4-25所示。接着，执行“选择”→“修改”→“羽化”命令，在弹出的对话框中设定羽化值，对选区进行羽化处理，如图4-26所示。羽化值的大小直接影响到图像晕边的大小，羽化值设置得越大，晕边效果就越为显著。

图4-25

图4-26

答疑解惑：在进行羽化选区操作时，有时可能会弹出“任何像素选择都不大于50%，选区将不可见”的警告对话框，如图4-27所示。这种情况通常发生在选区范围过小，而羽化值相对较大时。由于羽化会导致选区边缘的像素透明度逐渐增加，当选区范围太小以至于羽化效果覆盖了整个选区时，选区的边界（即蚂蚁线）将不再可见。然而，即使选区不可见，它仍然存在并限定着操作的有效区域。因此，在进行羽化操作时，需要合理调整选区大小和羽化值，以避免出现此类警告。

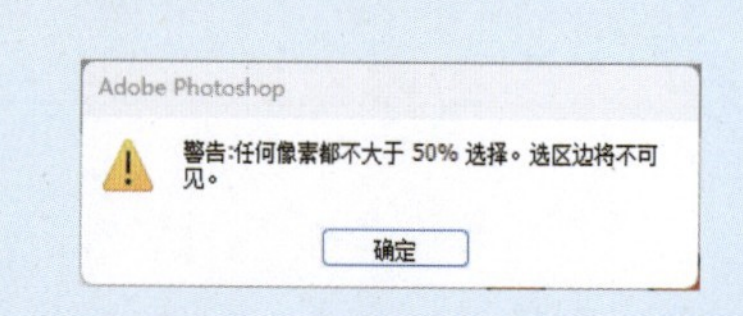

图4-27

4.4 图像显示与隐藏的蒙版技巧

Photoshop 中的蒙版是一种功能强大的非破坏性编辑工具，它能够精确地控制图层的显示区域。通过蒙版，用户可以轻松地隐藏或显示图像的特定部分，从而实现精细的图像修饰与合成效果。这种工具在抠图、调整图像效果以及图像叠加等操作中发挥着重要作用。

4.4.1 蒙版的基本操作

客观来说，蒙版是 Photoshop 中较为深入且复杂的功能模块，与选区功能紧密相关。能否熟练掌握蒙版的运用，往往是区分新手与高手的重要标志。本节将以通俗易懂的方式阐述蒙版的原理，并通过具有特色的实际案例，展现其在设计领域的强大作用。

1. 创建蒙版

图层蒙版可以被理解为覆盖在当前图层上方的一层玻璃片。这种玻璃片有透明和黑色不透明两种状态：透明的部分会显示图层的全部内容，而黑色不透明的部分则会隐藏图层的相应区域。要为图层或基于图层的选区添加图层蒙版，只需单击“图层”面板的“添加图层蒙版”按钮即可，如图4-28所示。

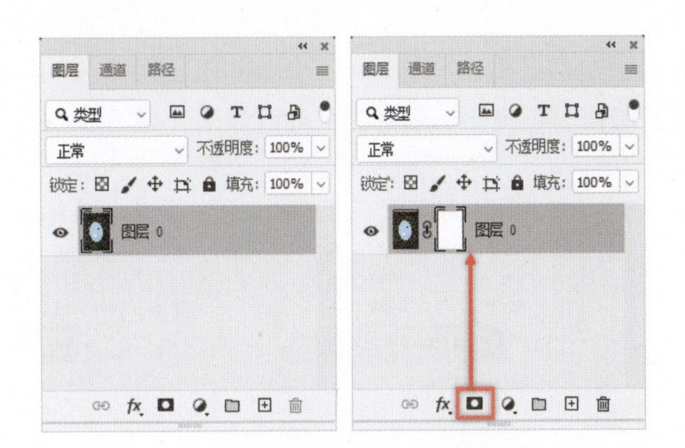

图4-28

2. 使用蒙版

如图4-29所示，首先，使用选区工具框选出中间的镜子部分。接着，在“图层”面板中单击“蒙版”图标，在选框区域内使用“画笔工具”涂抹黑色。完成后，单击该图层的缩略图图标，即可退出蒙版编辑界面。此时会发现，刚刚框选的镜子区域已经消失无踪。

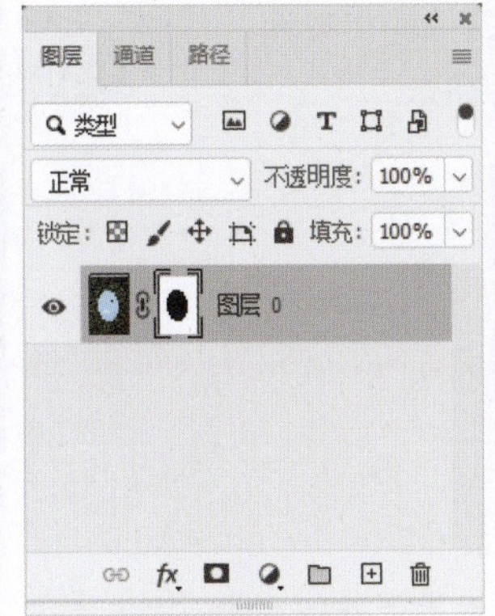

图4-29

小技巧：在蒙版中，黑色代表完全透明，而白色则代表完全不透明。

3. 编辑蒙版

选中图层后，按快捷键 Ctrl+T 即可对图像进行自由变换。在此过程中，你会发现蒙版部分会随着图像的变换而同步变动，如图4-30 所示。蒙版可以被理解为图层所穿的一件衣服：这件衣服可以穿上、脱下，袖子可以卷起来，扣子也可以解开。虽然它与图层本身是分离的，但它却决定了别人眼中看到的图层外观，这正是蒙版的意义所在。

图4-30

在“图层”面板中，你会注意到图层与蒙版之间有一个链接按钮，如图4-31 所示。单击这个链接按钮可以取消图层与蒙版之间的链接，如图4-32 所示。取消链接后，再按快捷键 Ctrl+T 对图形进行自由变换时，会发现蒙版部分不再随着图形的变动而变动，如图4-33 所示。

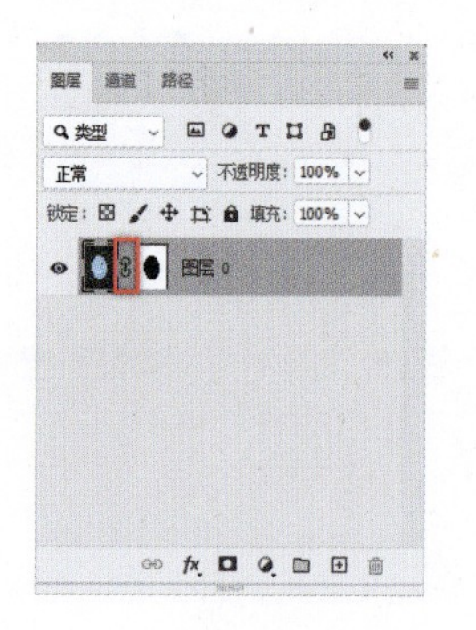

图4-31

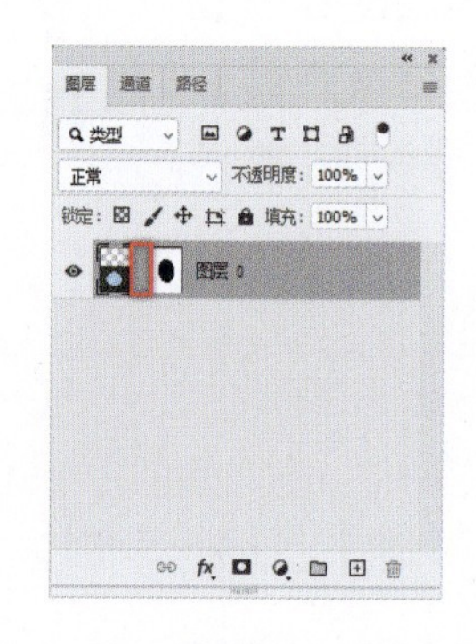

图4-32

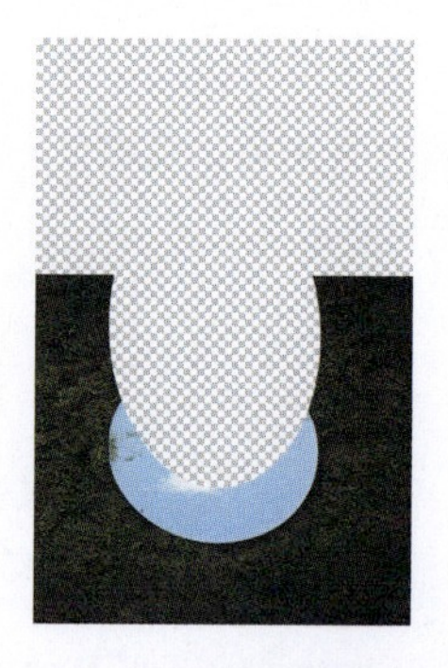

图4-33

在“图层”面板中，当单击图层蒙版时，选区框会移动到图层蒙版上方，如图4-34 所示。此时，若再按快捷键 Ctrl+T 进行自由变换，会发现变换操作将作用于蒙版区域，而非整个图层，如图4-35 所示。

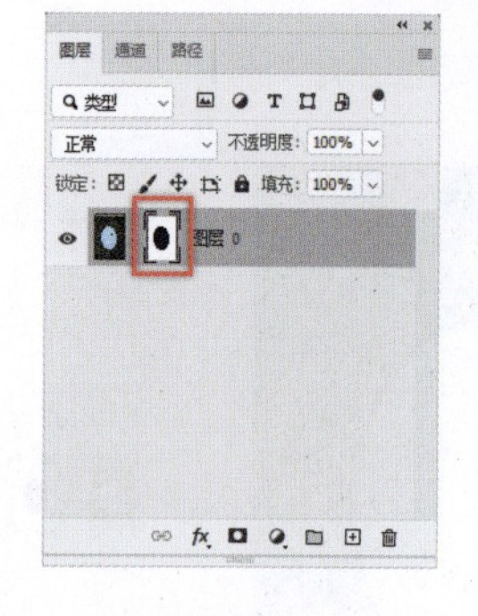

图4-34

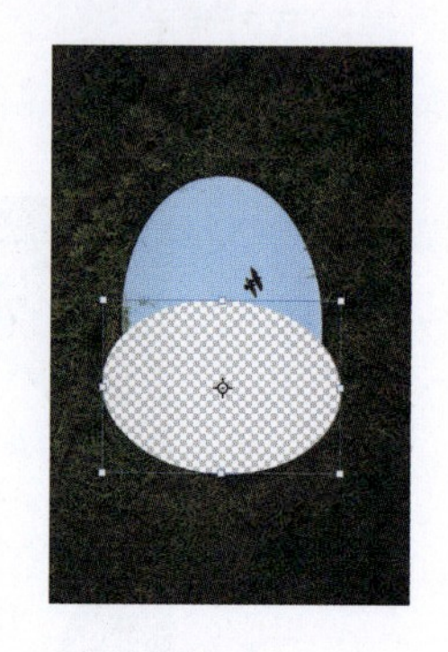

图4-35

4. 停用蒙版

右击蒙版的缩略图，并在弹出的快捷菜单中选择“停用图层蒙版”选项，如图4-36 所示，会暂时停止蒙版对图层显现区域的控制功能，使图层回归到原始状态。停用蒙版后，蒙版缩略图上会出现一个醒目的大红叉，如图4-37 所示，但这并不意味着蒙版已被删除。可以通过再次右击蒙版并在弹出的快捷菜单中选择“启用图层蒙版”选项来重新激活它，如图4-38 所示。

图4-36

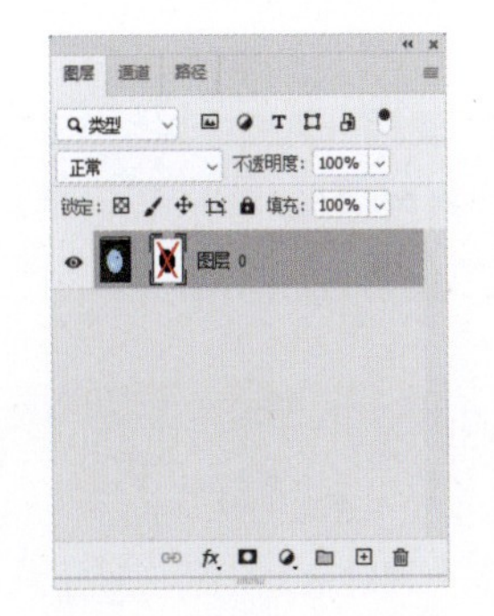

图4-37

图4-38

5. 应用蒙版

应用图层蒙版可以被视为对图层样式进行删格化处理。要执行此操作，可右击图层蒙版，并在弹出的快捷菜单中选择“应用图层蒙版”选项，如图4-39 所示。这将使图层与蒙版合并为一体，如图4-40 所示。请注意，应用图层蒙版后，将无法再对蒙版进行修改，因此在应用前务必谨慎选择。

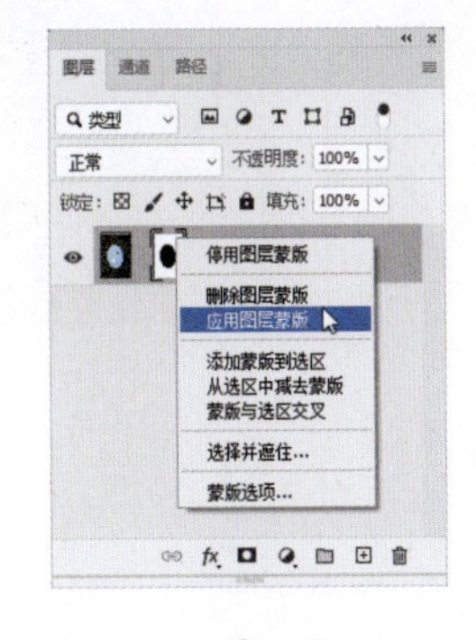

图4-39

图4-40

答疑解惑：如何快速建立图层选择区？在“图层”面板中，找到需要建立选区的图层，然后按住Ctrl键的同时单击该图层，即可快速建立图层选择区。

4.4.2　蒙版的基本属性

“属性”面板主要用于调整所选图层中的图层蒙版和矢量蒙版的不透明度以及羽化范围，如图4-41 所示。除此之外，在运用“光照效果”滤镜或创建调整图层时，“属性”面板也发挥着重要作用。

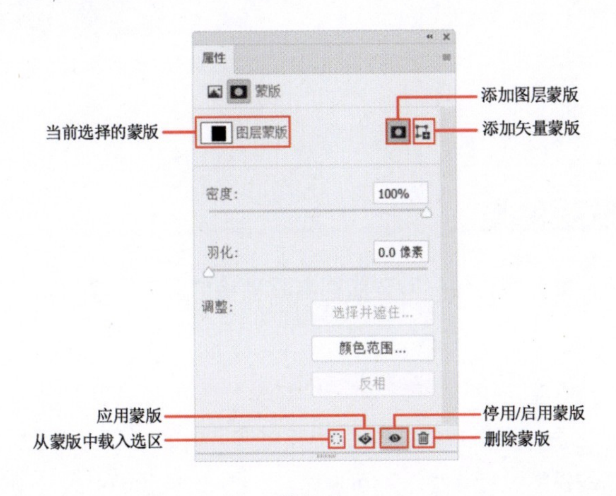

图4-41

1. 密度

密度代表的是图层蒙版的不透明度。在“属性”面板中调整“密度”参数，可以清晰地观察到整个变换过程。当“密度”值为 100% 时，蒙版区域呈现为黑色，此时图像最为清晰。随着“密度”值的逐渐缩小，蒙版区域会变得越来越白，图像也会随之逐渐消失，如图4-42 所示。

图4-42

2. 羽化

随着“羽化”值的逐渐增大，原本清晰的边缘会逐渐变得模糊，形成一段柔和的过渡区域。这个过渡区域的大小与所设置的“羽化”值密切相关，如图4-43 所示。

图4-43

4.4.3 花样繁多的蒙版种类

在 Photoshop 中，蒙版种类繁多，每一种蒙版都有其独特的应用场景和功能。本节将带领大家一同领略各类蒙版的独特魅力。

1. 图层蒙版

一般来说，在生成一个选区后，可以按快捷键 Ctrl+J 将选区内的内容从原图层上复制出来，也就是我们通常所说的“抠图”。然而，这样的抠图过程往往是不可逆的。此时，如果我们引入蒙版的概念，情况就会有所不同。

在建立选区后，单击“图层蒙版”按钮，就可以将图层以蒙版的形式抠出来，如图4-44 所示。使用图层蒙版进行抠图，能够赋予我们更高的容错率。即使停用了蒙版，仍然能够看到完整的图像。同时，在抠图过程中，如果发现缺失了某些部分，还可以方便地进行补充，使其完整。

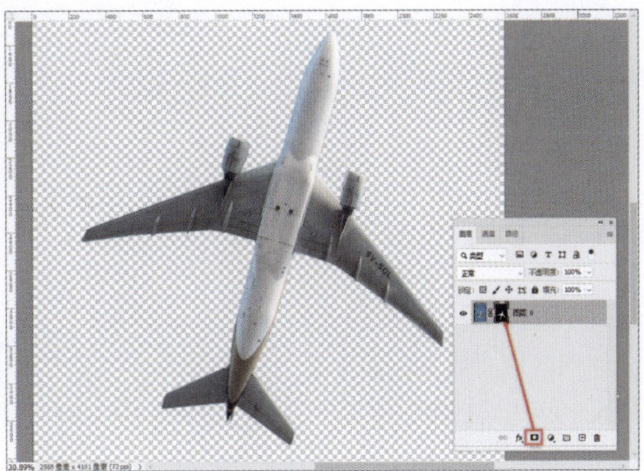

图4-44

2. 剪切蒙版

剪切蒙版是 Photoshop 中的一种特殊图层，它能够通过下方图层的形状来剪切上方图层中的图像，从而精确控制上方图层的显示区域和范围，实现独特的效果。剪切蒙版的最大优势在于，它允许通过一个图层来集中控制多个图层的可见内容。

创建剪切蒙版的方法相当简单。以图4-45 所示的文档为例，其中包含“背景”图层、SPRING 图层和“图层 0”图层。首先，选择“图层 0”图层，然后执行“图层”→“创建剪切蒙版”命令。如图4-46 所示，这样可以将“图层 0”图层与 SPRING 图层组合成一个剪切蒙版组。创建成功后，“图层 0”图层的内容将仅在 SPRING 图层的形状区域内可见。

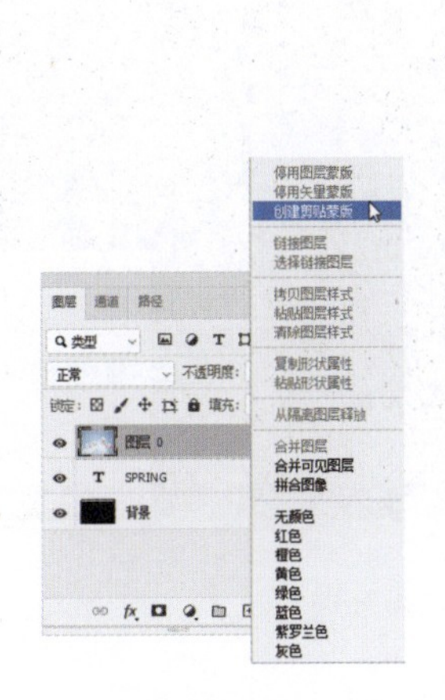

图4-45

图4-46

答疑解惑：如何快速建立剪切蒙版？选中上方图层后，按住Alt键并单击两个图层中间的位置，即可快速创建剪切蒙版，如图4-47 所示。

图4-47

答疑解惑：如何创建或取消剪切蒙版？选中想要创建剪切蒙版的图层，然后按快捷键Ctrl+Alt+G即可创建。若需取消剪切蒙版，应先选中已创建剪切蒙版的图层，然后再次按快捷键Ctrl+Alt+G。

3. 矢量蒙版

图层蒙版和剪贴蒙版都是基于像素的蒙版，而矢量蒙版则是通过“钢笔工具”“自定形状工具”等矢量工具来创建的。由于矢量蒙版与分辨率无关，因此无论图层是缩小还是放大，其蒙版边缘都能保持光滑且无锯齿，展现出优异的图像质量。

4. 快速蒙版

在 Photoshop 工作界面中，单击工具箱底部的“以快速蒙版模式编辑”按钮，或者按 Q 键，当该按钮变为激活状态时，即表示已进入“快速蒙版编辑模式”。接下来，将前景色设置为黑色，并使用“画笔工具”进行涂抹，如图4-48 所示。如果涂抹过程中有误涂或涂抹过多的部分，可将前景色切换为白色，并用“画笔工具”涂抹这些多余部分以进行修正。最后，再次单击“以快速蒙版模式编辑”按钮，即可退出快速蒙版模式并生成相应的选区，如图4-49 所示。

图4-48

图4-49

5. 文字蒙版

在使用文字类工具时，其下方会提供“直排文字蒙版工具”和“横排文字蒙版工具”。选择“横排文字蒙版工具”并输入文字，此时画面会被半透明的红色覆盖，如图4-50 所示。当文字输入完毕后，按 Enter 键或单击选项栏中的“提交”按钮✓，即可看到文字部分已经生成了一个选区，如图4-51 所示。

图4-50

图4-51

4.4.4　实战：创建图层蒙版“乘风破浪”

图层蒙版是与分辨率相关的位图图像，它允许对图像进行非破坏性编辑，因此在图像合成中的应用极为广泛。接下来，将以实例的形式，详细介绍如何创建和编辑图层蒙版。具体的操作步骤如下。

01　启动Photoshop，按快捷键Ctrl+O，先后打开相关素材中的“大海.jpg”和“帆船.jpg”文件，效果如图4-52和图4-53所示。

图4-52

图4-53

02　在“图层”面板中，选择“帆船”图层，然后单击面板底部的“添加图层蒙版”按钮，或者执行“图层”→“图层蒙版”→“显示全部”命令，为图层添加蒙版。此时蒙版颜色默认为白色，如图4-54所示。

图4-54

延伸讲解：按住Alt键的同时单击“添加图层蒙版”按钮，或者执行“图层”→“图层蒙版”→“隐藏全部”命令，此时添加的蒙版为黑色。

03 将前景色设置为黑色，选择蒙版，按快捷键Alt+Delete将蒙版填充为黑色。此时“大海”图层的图像被完全覆盖，图像中显示背景图像，如图4-55所示。

图4-55

延伸讲解：图层蒙版只能使用黑色、白色以及它们之间的过渡色——灰色来填充。在蒙版中，填充黑色会遮挡住当前图层，从而显示出当前图层以下的可见图层；填充白色则会完全显示当前图层；而填充灰色则会使当前图层呈现半透明状态，其中灰度越高，图层的透明度就越高。

04 选择工具箱中的“渐变工具”，在工具选项栏中设置渐变为黑白渐变，选择“线性渐变”模式，将“不透明度”值调整为100%，如图4-56所示。

图4-56

05 选择蒙版，由下往上单击并拖曳出黑白渐变，海中的帆船便出现了，如图4-57所示。

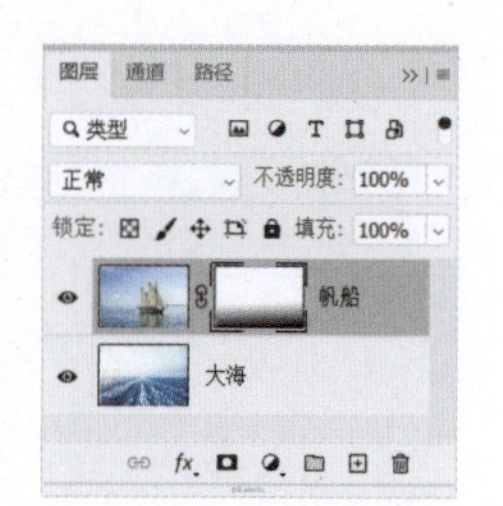

图4-57

延伸讲解：如果需要对多个图层添加统一的蒙版效果，可以将这些图层放入一个图层组中。随后，选择该图层组，并在“图层”面板中单击“添加图层蒙版”按钮，即可为整个图层组添加蒙版。这种方法能够简化操作步骤，从而有效提高工作效率。

4.4.5　实战：创建剪贴蒙版“春装上新”

剪贴蒙版的最大优势在于，它能够通过一个图层来控制多个图层的可见内容，相比之下，图层蒙版和矢量蒙版仅能控制单个图层。接下来，将以实例的形式详细介绍如何快速为图层创建剪贴蒙版。具体的操作步骤如下。

01　启动Photoshop，按快捷键Ctrl+O，打开素材文件，如图4-58 所示。

02　将相关素材中的“人物”文件拖入文档中，并摆放到合适位置后，按Enter键确认，如图4-59 所示。

图4-58

图4-59

03　选择“人物”图层，将其放置在“圆角矩形5”图层之上。执行“图层”→“创建剪贴蒙版”命令（快捷键为Alt+Ctrl+G）；或者按住Alt键，将鼠标指针移到“人物”和“圆角矩形5”两个图层之间，待图标变成状态时单击，即可创建剪贴蒙版。此时“人物”图层缩览图前出现剪贴蒙版标识，如图4-60 所示。

04　选择“圆角矩形5”图层，右击，在弹出的快捷菜单中选择“栅格化图层”选项。按住Ctrl键单击“人物”图层缩览图，创建选区，如图4-61 所示。

05　选择“圆角矩形5”图层，将前景色设置为黑色，使用“画笔工具”，在图层上涂抹，显示喇叭与人物的头发，效果如图4-62 所示。

图4-60

图4-61

图4-62

06　按快捷键Ctrl+D，取消选区，最终效果如图4-63 所示。

图4-63

延伸讲解：在剪贴蒙版结构中，带有下画线的图层被称作“基底图层”，其作用是控制位于其上方的图层的显示范围，例如本例中的“圆角矩形5”图层即为一个基底图层。而那些位于基底图层上方的图层则被称为“内容图层”，例如本例中的“人物”图层。值得注意的是，基底图层中的透明部分会相应地隐藏内容图层中的同一区域。通过移动基底图层，我们可以轻松地改变内容图层的显示范围。若需解除剪贴蒙版，应选择位于基底图层正上方的内容图层，然后执行“图层”→“释放剪贴蒙版”命令，或者按快捷键Alt+Ctrl+G，即可一次性解除所有相关的剪贴蒙版。

4.4.6 实战：创建矢量蒙版“马尔代夫”

矢量蒙版融合了矢量图形与蒙版的概念，为用户提供了一种在矢量环境下编辑蒙版的独特方式。接下来，将以实例的形式深入讲解如何创建矢量蒙版的具体操作步骤。

01 启动Photoshop，按快捷键Ctrl+O，打开素材中的“海报”文件，如图4-64所示。

02 重复上述操作，打开“余晖”文件，并将其放置在“海报”文档中，效果如图4-65所示。

图4-64

图4-65

03 在工具箱中选择“矩形工具”，在工具选项栏中设置“工作模式”为“路径”，设置“圆角半径”值为50像素，如图4-66所示。

图4-66

04 在图像上创建一个圆角矩形，如图4-67所示。保持圆角矩形的选中状态，执行“图层”→“矢量蒙版”→“当前路径”命令，如图4-68所示。此时路径区域以外的图像会被蒙版遮盖，如图4-69所示。

延伸讲解：按住Ctrl键并单击“图层”面板中的“添加图层蒙版”按钮，可以基于当前选定的路径创建一个矢量蒙版。

05 在“图层”面板中单击图层与蒙版之间的“链接”按钮，取消链接。选择图层，按快捷键Ctrl+T进入自由变换模式，调整图片的大小，如图4-70所示。

图4-67

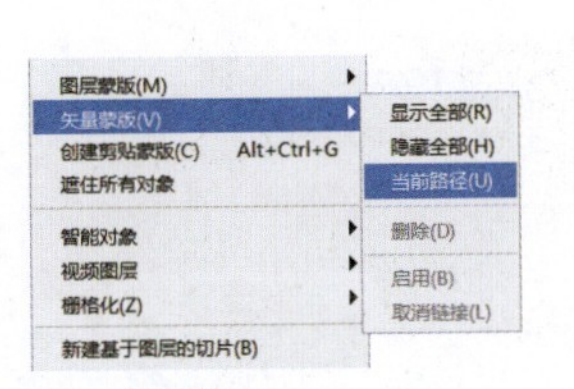

图4-68

图4-69

06 在“图层”面板中单击“添加新的填充或调整图层”按钮◐，在弹出的菜单中选择添加“曲线”图层，在“属性”面板中调整曲线参数，并单击“此调整剪切到此图层”按钮，如图4-71所示。调整后的效果如图4-72所示。

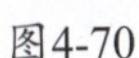

图4-70

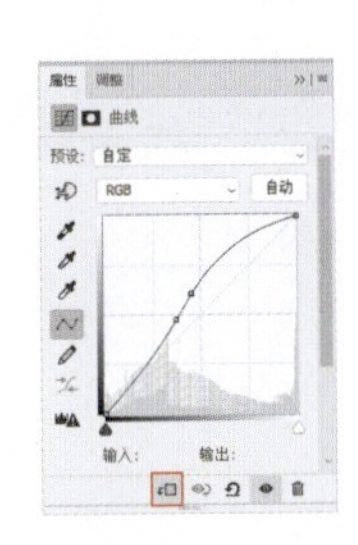

图4-71

图4-72

07 双击矢量蒙版图层，弹出“图层样式”对话框，设置“描边”和“投影”参数，如图4-73所示。

08 单击“确定”按钮，关闭对话框，图片的显示效果如图4-74所示。

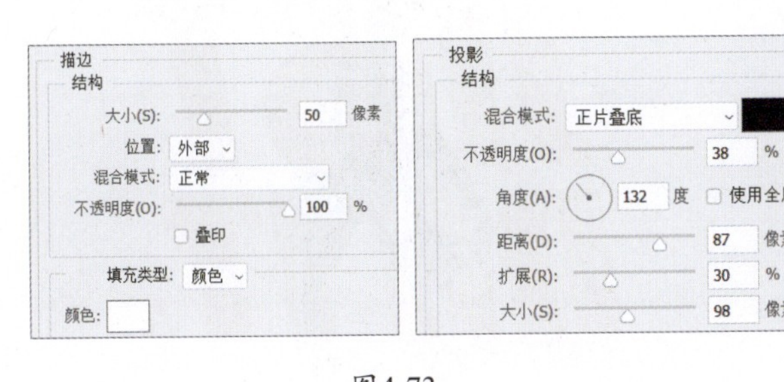

图4-73

图4-74

09 重复上述操作，创建矢量蒙版并添加图层效果，如图4-75所示。

延伸讲解： 矢量蒙版只能通过锚点编辑工具和“钢笔工具”进行编辑。若要使用绘画工具或滤镜对蒙版进行修改，需要先选择蒙版，然后执行“图层”→“栅格化”→“矢量蒙版”命令，从而将矢量蒙版栅格化，转换为可编辑的图层蒙版。

图4-75

4.5 综合实战：文字穿插设计

本实战案例旨在制作一张文字穿插风格的海报，主要通过运用蒙版技术，并结合选取类工具进行精细化操作，最终效果如图4-76 所示。

本实战案例的制作要点如下。

- 导入一张篮球运动员的照片，利用蒙版技术将人物抠出。
- 输入所需文字，并制作出渐变效果。
- 为文字添加蒙版，并移动至人物图层上方，确保覆盖住人物。
- 提取人物选区，结合蒙版与“画笔工具”，涂抹出穿插效果。
- 使用“多边形套索工具”为手臂部分创建选区，以实现手臂的穿插效果。

图4-76

第 5 章

图像调整：调色全攻略

本章将深入剖析 Photoshop 中的调色功能，这些功能提供了一系列工具和技术，可用于调整图像的明暗对比和色彩状态。我们不仅将学习这些工具的具体操作方法，还将深刻领会明暗与色彩现象背后的科学原理。此外，我们还将掌握调整图层的使用方法，从而增强在 Photoshop 中进行调色操作的灵活性与效率。

5.1 必懂色彩基础

色彩作为设计中的核心要素之一，不仅为作品增添了独特的美感和视觉冲击力，而且能够传达丰富的情感和深远的意境。本节将深入剖析色彩理论，旨在帮助设计者在创作过程中更精准地理解和巧妙运用色彩，从而创作出既富有表现力又极具感染力的设计佳作。

5.1.1 色彩的冷暖——颜色也有冷暖性

从色调的角度划分，色彩可归为两大类：冷调和暖调。其中，红、橙、黄被归为暖调，而青、蓝、紫则属于冷调，绿色则被视为中间调。色彩对比遵循一定的规律，即在暖调的背景下，冷调的主体会显得尤为醒目；相反，在冷调的环境中，暖调的主体会更为突出。

冷色和暖色实际上是人们的一种色彩感知。例如，朱红色相较于玫瑰红更显暖意，而柠檬黄则比土黄色更偏冷。画面中冷色与暖色的分布比例，决定了画面的整体色调，即我们常说的暖色调或冷色调。巧妙地运用冷暖对比色，可以增强画面的层次感。这种基于冷暖差异形成的色彩对比，被称为“冷暖对比”。

色彩的冷暖对比程度可分为极强对比、强对比和弱对比。极强对比则是暖极与冷极之间的直接对比；强对比指的是暖色调中的极端颜色与冷色调区域的颜色进行对比。与此相反，色彩的冷暖弱对比搭配则不会带来强烈的视觉刺激，给人一种更为舒缓的感觉。关于冷暖对比在页面设计中的应用效果，如图5-1 所示。

图5-1

5.1.2 色彩的三大要素

色彩三要素指的是色相、明度和纯度，它们各自具有独特的属性。接下来，将对色彩三要素进行详细的解析。

1. 色相

色相是色彩最显著的特征，它指的是能够精确表达某种颜色类别的名称，体现了各种颜色之间的差异，同时也是不同波长的色光被人眼感知的结果。色相取决于色彩的波长，红、橙、黄、绿、青、蓝、紫等颜色代表了不同的色相特征，构成了色彩体系的基础。这些基础色相通常由纯色来表示。色相不仅是识别色彩的基本元素，也是区分不同色彩的依据。

在色环中，我们可以将三原色分别放置在等分的 3 个位置上，进而推导出六色色相、十二色色相，甚至二十四色相等，如图5-2 所示。为了方便理解和说明，色彩学家们进一步简化为最基本的十二色相环，并将其中的颜色定义为基础色相。这 12 种色相分别是黄、黄橙、橙、红橙、红、红紫、紫、蓝紫、蓝、蓝绿、绿和黄绿，如图5-3 所示。

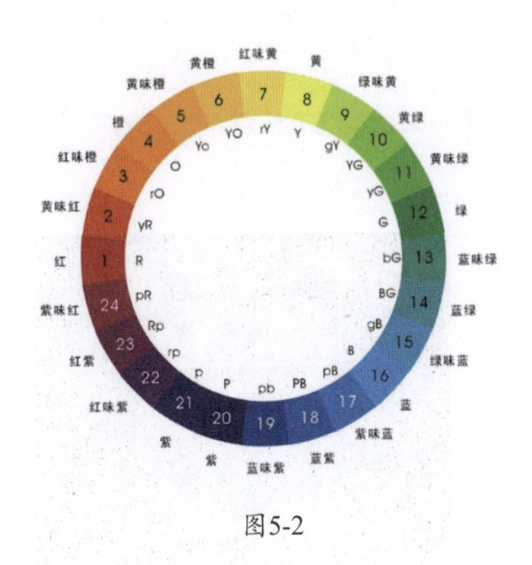

图5-2

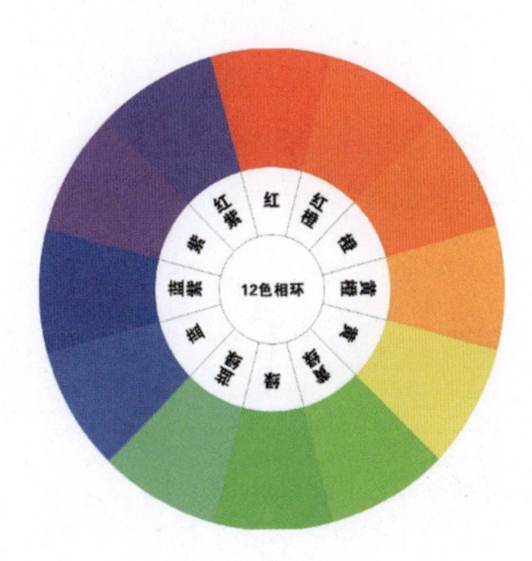

图5-3

2. 明度

明度，即色彩的明暗或深浅差别，涉及两个方面。其一，它指的是某一特定色相的深浅变化。例如，粉红、大红、深红虽同属红色系，但它们的深浅逐一递增。其二，明度也体现在不同色相之间的明暗差异上。在标准的六色中，黄色明度最高，显得最浅；紫色明度最低，显得最深；而橙色与绿色、红色与蓝色则处于相近的明度区间。

明度的变化直接影响色彩的视觉感受：明度越低，色彩显得越暗沉；明度越高，色彩则越鲜亮。这一点在商业设计中尤为重要。例如，许多女装和儿童用品的电商店铺倾向于使用鲜亮的色彩，以此营造绚丽多彩、充满活力的氛围。同样，在某些网店的活动期间，宣传海报上的色彩也会通过明显的明暗变化来吸引顾客的注意，如图5-4 所示。

图5-4

3. 纯度

纯度，通常被理解为色彩的鲜艳程度。从科学的视角来看，一个颜色的鲜艳度是由该色相发射光的单一性所决定的。那些具有单色光特征，能被人眼所辨别的色彩，都拥有一定的鲜艳度。值得注意的是，不同的色相不仅在明度上有所区别，其纯度也各不相同。

一般来说，我们将色彩的纯度划分为 9 个阶段：7~9 阶段被视为高纯度，4~6 阶段为中纯度，而 1~3 阶段则为低纯度。这一分类方式有助于我们更精确地理解和运用色彩，如图5-5 所示。

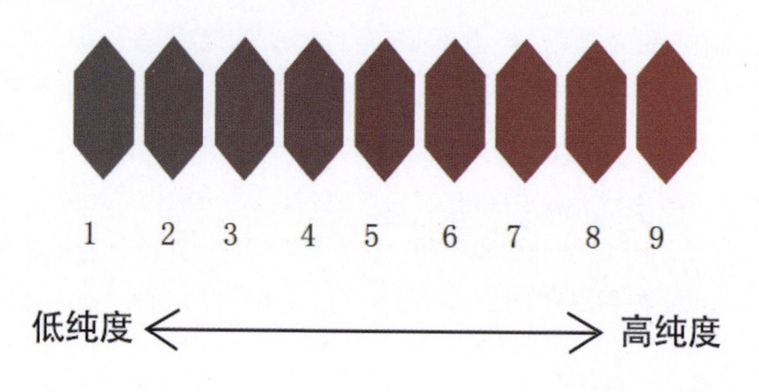

图5-5

色彩纯度与色彩成分的比例息息相关。色彩成分所占的比例越大，其纯度便越高，如图5-6所示；反之，若色彩成分比例较小，则意味着色彩的纯度较低，如图5-7所示。

图5-6

图5-7

5.1.3 色彩的模式

常用的色彩模式包括 RGB 模式、CMYK 模式、Lab 模式、多通道模式等，具体介绍如下。

1. RGB模式

众所周知，红、绿、蓝被称为光的三原色。绝大多数可视光谱都可以通过红色、绿色和蓝色（RGB）这三种色光以不同的比例和强度混合来产生。当这三种颜色重叠时，会产生青色、洋红、黄色和白色。由于 RGB 颜色合成能够产生白色，因此它们也被称为“加色模式”。加色模式主要应用于光照和显示器等领域。例如，显示器就是通过红色、绿色和蓝色荧光粉发射光线来产生各种颜色的。

在 RGB 模式中，彩色图像的每个像素的 RGB 分量都会被指定一个介于 0（代表黑色）到 255（代表白色）之间的强度值。例如，亮红色可能 R 值为 246，G 值为 20，B 值为 50。当这三个分量的值相等时，就会产生中性灰色。当所有分量的值都达到 255 时，结果为纯白色；相反，如果这些值都为 0，则结果为纯黑色。

RGB 图像通过三种颜色或通道的组合，可以在屏幕上重现多达 1670 万种颜色（即 256×256×256）。这三个通道可以转换为每像素 24 位（8×3）的颜色信息。在 Photoshop 中新建的图像默认采用 RGB 模式。

若要打开一张多通道模式的文件，并转换为 RGB 颜色模式，可以执行“图像”→“模式”→“RGB 颜色”命令。如图5-8和图5-9所示，展示了这一转换过程。

图5-8

图5-9

2. CMYK模式

CMYK 模式是基于打印在纸张上的油墨对光线的吸收特性而设计的。当白光照射到半透明的油墨上时，光线中的某些颜色被吸收，而其他颜色则被反射到我们的眼睛中。理论上，纯青色（C）、洋红色（M）和黄色（Y）的色素组合能够吸收所有光线并产生黑色，因此，这些颜色被称作“减色”。然而，由于所有打印油墨都不可避免地含有一些杂质，这三种油墨混合后实际上产生的是土灰色。为了获得真正的黑色，我们必须在油墨中加入黑色（K）油墨（这里使用 K 而非 B，以避免与蓝色发生混淆）。将这些油墨混合以重现各种颜色的过程被称为“四色印刷”。值得注意的是，减色（CMY）和加色（RGB）是互补的关系，每一对减色都能产生一种对应的加色，反之亦然。

在 CMYK 模式中，每个像素的每种印刷油墨都被赋予了一个百分比值。对于最亮（高光）的颜色，所指定的印刷油墨颜色的百分比相对较低，而对于较暗（阴影）的颜色，所指定的百分比则较高。例如，一个亮红色可能由 2% 的青色、93% 的洋红色、90% 的黄色和 0% 的黑色组成。在 CMYK 图像中，如果四种油墨分量的百分比均为 0%，则会产生纯白色。

当准备用于印刷色打印的图像时，应使用 CMYK 模式。将 RGB 图像转换为 CMYK 模式会产生分色效果。如果创作过程是从 RGB 图像开始的，建议先进行编辑，然后再将其转换为 CMYK 模式。图5-10 和图5-11 分别展示了 RGB 彩色模式和 CMYK 模式的示意图。

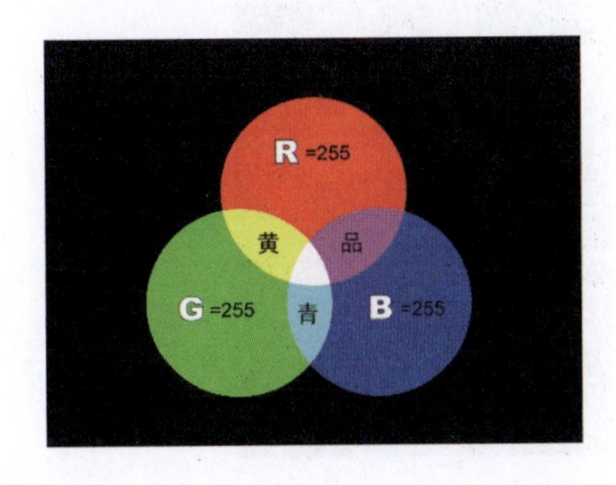

图5-10

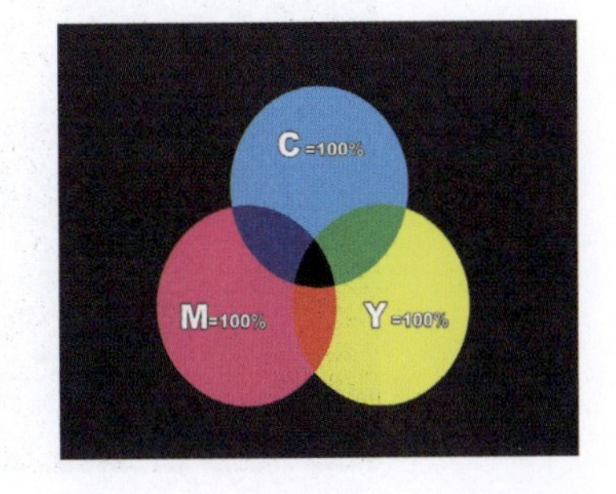

图5-11

3. Lab模式

Lab 模式是目前涵盖颜色范围最广的模式，并且在 Photoshop 中进行不同颜色模式转换时，它常被用作中间模式。Lab 颜色由亮度（或称光亮度）分量和两个色度分量共同构成。其中，L 代表光亮度分量，其数值范围从 0 到 100。a 分量反映了从绿色到红色再到黄色的光谱变化，而 b 分量则体现了从蓝色到黄色的光谱变化，这两者的数值范围都是从 +120 到–120。若用户只需调整图像的亮度而不希望影响其他颜色值，可以将图像转换为 Lab 模式，并单独在 L 通道中进行操作。Lab 模式的显著优势在于其颜色与设备无关，这意味着无论使用何种设备（例如显示器、打印机、计算机或扫描仪）来创建或输出图像，该模式所生成的颜色都能保持一致。

4. 多通道模式

多通道是一种减色模式。当 RGB 模式转换为多通道模式后，我们可以得到青色、洋红和黄色通道。此外，如果删除 RGB、CMYK 或 Lab 模式中的某个颜色通道，图像会自动转换为多通道模式。在多通道模式下，每个通道都使用 256 级灰度来表示颜色信息。图5-12 展示了 RGB 模式转换为多通道模式的过程。

图5-12

5.1.4 实战：运用RGB模式快速调整颜色

本次实战将运用 RGB 模式来进行快速的颜色调整，具体的操作步骤如下。

01 启动Photoshop，打开一张素材图片，如图5-13 所示，将“前景色”设置为#228b22。新建空白图层，选中“快速选择工具”，并选中图像中的包。在“图层”面板中单击“创建新图层”按钮，创建新图层并填充颜色。

02 将新建图层的“混合模式”改为“颜色”，再使用“画笔工具”修补空缺颜色部分，如图5-14 所示。

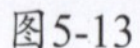

图5-13　　图5-14

5.1.5 色相环认知

色环，即将彩色光谱中的长条形色彩序列首尾相接，使红色与另一端的紫色相连，通常包含 12~24 种不同的颜色。根据定义，基色是指最基本的颜色，通过按一定比例混合这些基色，可以产生任何其他颜色。

色相环因颜色系统的不同而有所区分。例如，美术中常用的红黄蓝（RYB）色相环，光学和 Photoshop

软件中的红绿蓝（RGB）色相环，以及印刷行业中的 CMYK 色相环。图5-15 和图5-16 分别展示了这些色相环的示例。在使用色相环时，务必注意其不同类型及其间的区别。

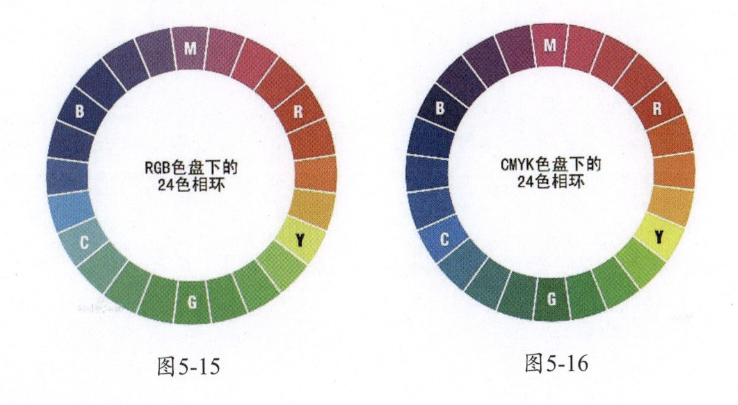

图5-15　　图5-16

5.1.6　色彩的基本关系

1. 同类色

同类关系指的是同种色相之间的对比，这种对比主要体现在色相的不同明度或不同纯度上，属于色相中最微弱的对比。在色相环中，这种色相对比的距离大约是 15°。由于对比的两色相距甚近，色相的差异显得较为模糊。例如，蓝色与浅蓝色（蓝色加白色）的对比，橙色与咖啡色（橙色加灰色）的对比，以及绿色与粉绿色（绿色加白色）或墨绿色（绿色加黑色）的对比等。在妆容搭配上运用这些色彩，会呈现出一种统一、文静、含蓄、稳重的效果，但也可能带来单调、平淡的感觉。

2. 近似色

近似关系指的是在色相环上，色相对比距离约为 30°的一种色彩关系，它属于弱对比类型。例如，红橙色与橙色以及黄橙色的对比等。邻近色与同类色在妆容效果上有相似之处，都能带给人雅致、稳重的感觉。因此，在化妆过程中，我们可以通过适当调整色彩的明度差来强化这种效果，使得妆容更加和谐统一。

3. 对比色

对比关系是指在色相环上，色相之间距离大约 120°的关系，也被称为大跨度色域对比。例如，黄绿色与红紫色的对比等，这属于色相中的中强对比。此类对比带有鲜明的色相感受，其效果强烈、醒目、有力，同时显得活泼、兴奋。然而，它也容易引发视觉疲劳，若处理不当，可能会带来烦躁和不安定的感觉。因此，在搭配时，应细心调整以强化对比效果，确保整个妆面更为和谐统一。

4. 互补色

互补色指的是在色相环上色相距离恰好为 180°的两种颜色，这种关系是色相中最强烈的对比。它被视为色相对比的极致，属于极端对比类型。例如，红色与蓝绿色、黄色与蓝紫色的对比等。当互补色相互搭配时，能够使色彩的对比达到最大程度的鲜艳，从而强烈地刺激人们的感官，引起视觉上对色彩的特别关注。

5.1.7　在Photoshop中查看色彩的RGB数值

RGB 分别代表英文中的红（Red）、绿（Green）、蓝（Blue）三种颜色的首字母。红色、绿色和蓝色又被称为“三原色光”，它们能够组合成屏幕上的任意一种颜色。因此，屏幕上的每一个颜色都可以通过一组特定的 RGB 值来精确记录和表达。在 Photoshop 中查看色彩的 RGB 数值的具体操作步骤如下。

01 执行“文件”|“打开”命令，在弹出的“打开”对话框中选择一张素材图，单击“打开”按钮，打开一张素材图像。

02 在工具箱中选中“颜色取样器工具”工具，在图像中要查看RGB数值的位置单击，此时在“信息”面板中会显示该位置的RGB数值，如图5-17所示。

03 要删除图像中的颜色取样标记符号，可单击选项栏中的“清除全部”按钮。

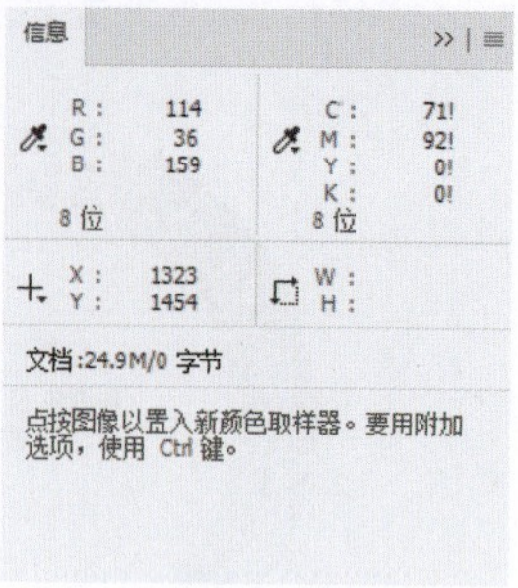

图5-17

5.2 图像调整

在 Photoshop 中，“图像”菜单包含了一系列用于调整图像色彩和色调的命令。这些不同的命令各具特色，拥有独特的选项和操作特点。如图5-18 所示，通过执行“图像”→“调整”子菜单中的相应命令，可以对图像进行精细调整。

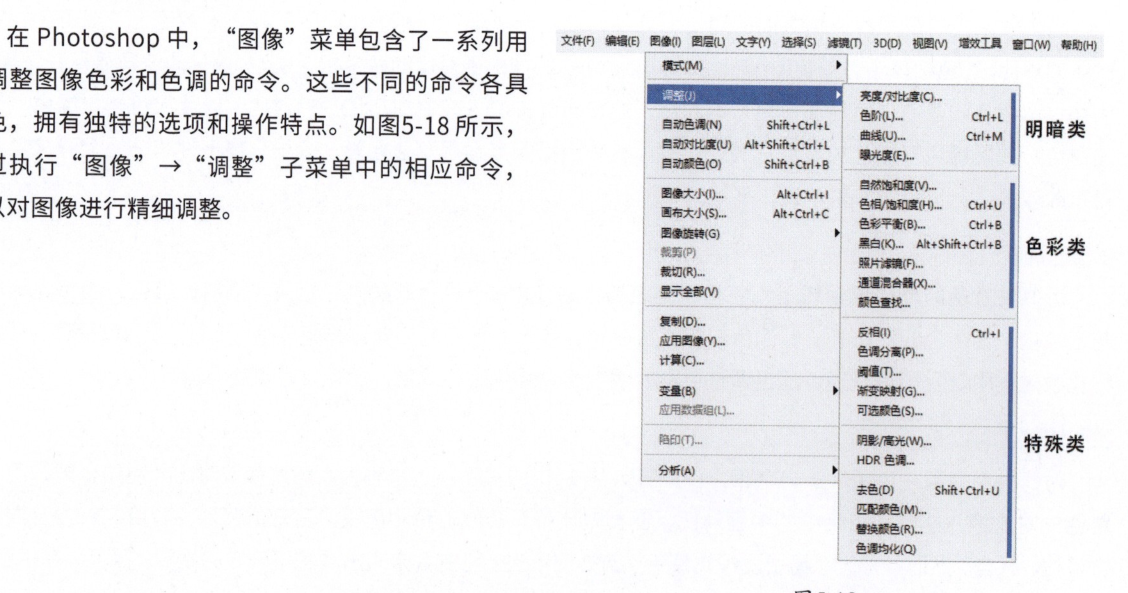

图5-18

5.2.1 明暗类

Photoshop 中的明暗类调整命令，旨在帮助用户精准控制图像的亮度和对比效果。这些命令包括“亮度/对比度”“曝光度”“色阶”以及“曲线”等。利用这些命令，用户可以轻松地调节图像的整体或局部明暗层次，进而提升细节表现力或创造出独特的光影效果。

1. 亮度/对比度

执行“图像”→“调整”→“亮度/对比度”命令，弹出“亮度/对比度”对话框。在该对话框中仅包含两个参数：“亮度”和“对比度”。通过调整“亮度”参数，可以提亮或压暗整个画面；而“对比度”参数则用于控制画面中亮部和暗部之间的对比强烈程度，如图5-19 所示。

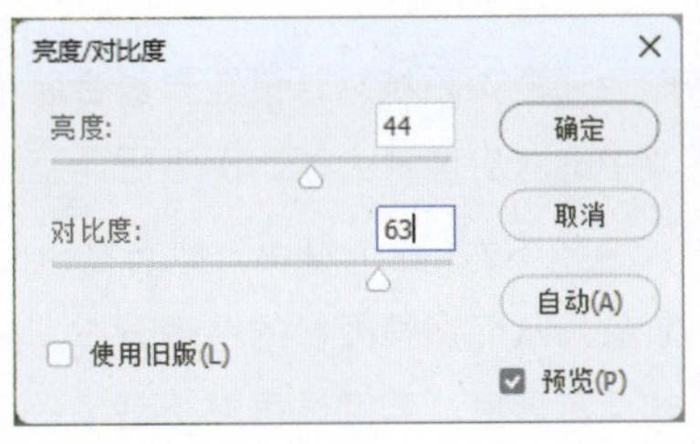

图5-19

2. 曝光度

曝光度同样可以用于调整图像的明暗关系，但其调整方式与亮度对比度有所不同。执行“图像”→“调整”→“曝光度”命令，弹出“曝光度”对话框。在该对话框中，参数数量增加到了 3 个：“曝光度”“位移”和“灰度系数校正”。其中，“曝光度”主要调整图像中亮部的明暗程度，“位移”则主要影响暗部的明暗关系，而“灰度系数校正”可以理解为是调整图像中除黑白两色外，中间灰度区域的明暗分布，如图5-20 所示。

图5-20

3. 色阶

“色阶”是一个非常强大的颜色和色调调整命令，它允许用户对图像的阴影、中间调以及高光部分的强度级别进行精细调整。通过执行“图像”→“调整”→“色阶”命令，即可弹出“色阶”对话框，如图5-21 所示。在该对话框中，可以轻松调整图像的亮度分布，从而改善图像的视觉效果。“色阶”对话框中各选项使用方法如下。

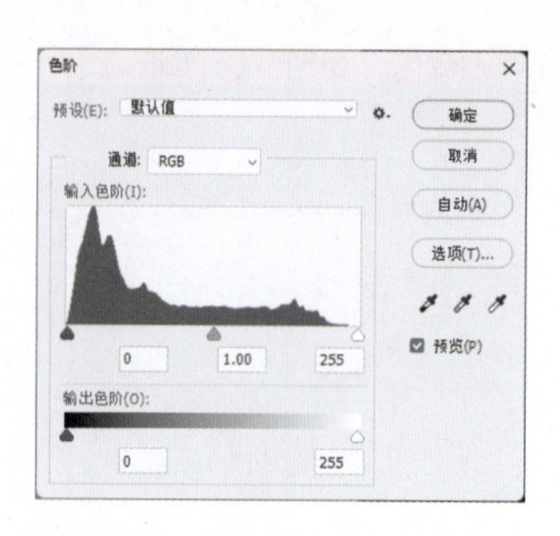

图5-21

- 通道：可以选择需要调整的颜色通道，系统默认设置为复合颜色通道。在调整复合通道时，为了维持图像的色彩平衡，各颜色通道中的对应像素会按比例进行调整。
- 输入色阶：可以通过拖动输入色阶下方的3个滑块，或者在色阶文本框中直接输入数值，来分别设定阴影、中间色调和高光的色阶值，从而调整图像的色调分布。此外，直方图提供了图像色调范围的可视化展示，并显示了各色阶的像素数量。若图像虽然覆盖了从高光到阴影的完整色调范围，但受到不当曝光的影响，可能导致整体图像过暗（曝光不足）或过亮（曝光过度）。在这种情况下，可以通过拖动输入色阶的中间色调滑块来调整灰度系数。向左拖动该滑块可以提亮图像，而向右拖动该滑块则会使图像变暗。
- 输出色阶：通过拖动输出色阶的两个滑块或直接输入数值，可以设定图像的最高和最低色阶。向右拖动黑色滑块可以减少图像中的阴影部分，从而提亮整体图像；相反，向左拖动白色滑块则可以减少高光部分，使图像变暗。
- 自动：只需单击“自动”按钮，系统便会自动优化图像的对比度和明暗度。

在调整过程中，左侧滑块控制着图像中最暗区域的亮度。当将这个滑块向中间位置拖动时，图像中最暗的部分会随之变亮，如图5-22所示。同样，右侧滑块则控制着图像中最亮区域的亮度。将其向中间拖动时，整个图像会显得更暗，如图5-23所示。

图5-22

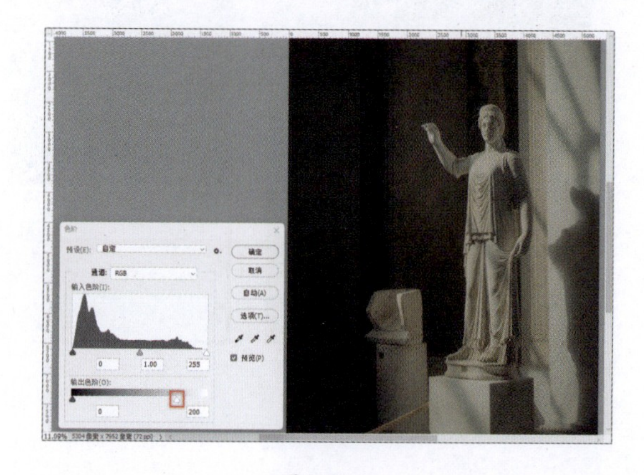

图5-23

4. 曲线

与“色阶”命令相似，利用“曲线”命令同样可以调整图像的整体色调范围。然而，“曲线”命令的独特之处在于，它并非通过 3 个变量（高光、阴影、中间色调）来进行调整，而是借助一条可调节的曲线，该曲线最多可添加 14 个控制点。因此，使用“曲线”命令进行调整能够提供更为精确和细致的图像优化。

要执行“曲线”命令，用户可以执行“图像”→“调整”→“曲线”命令，或者直接按快捷键 Ctrl+M，从而弹出“曲线”对话框，如图5-24 所示。

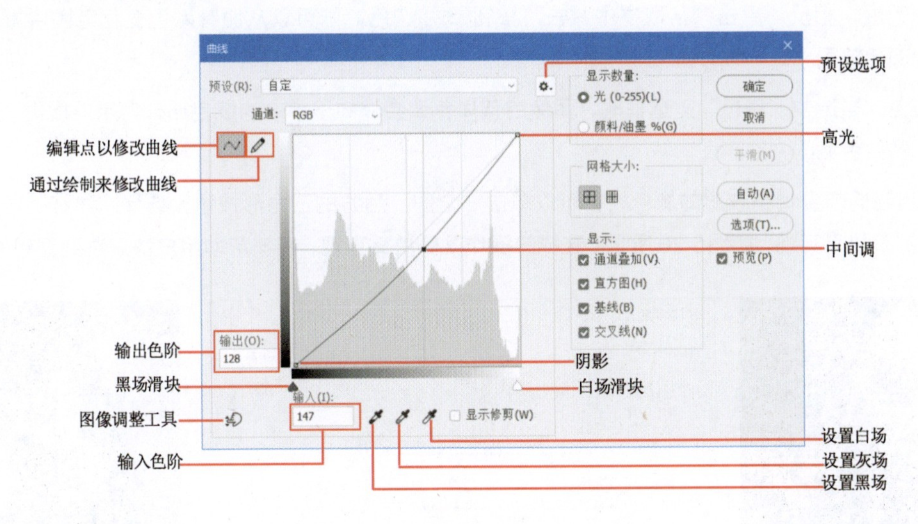

图5-24

答疑解惑： 在调整图像时，如何有效避免产生新的色偏是一个重要问题。当使用“曲线”和“色阶”命令来提升彩色图像的对比度时，常常会伴随着色彩饱和度的增加，这可能导致图像出现不希望的色偏。为了预防这种情况，可以采取一种策略：通过“曲线”和“色阶”调整图层来进行调整，然后将这些调整图层的混合模式设置为“明度”。这样做可以确保色彩调整仅影响图像的明暗度，而不会引入新的色偏，从而保持图像的色彩平衡。

5.2.2　色彩类

色彩类命令种类繁多，各具特色，但它们共同的目标是为用户提供精确的调色功能，从而实现对图像色调和色彩表现的精细控制。接下来，将详细介绍这些色彩类命令的功能与特点。

1. 色相/饱和度

“色相 / 饱和度”命令主要用于精确调整图像中特定颜色的色相、饱和度和亮度。用户可以通过执行“图像”→“调整”→“色相 / 饱和度”命令，弹出“色相 / 饱和度”对话框，如图5-25 所示，来进行相关调整。弹出“色相 / 饱和度”对话框中主要选项的含义如下。

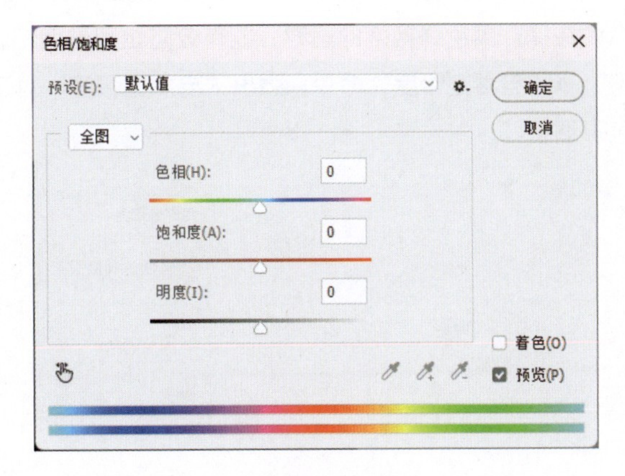

图5-25

- 全图：单击“全图”选项后的三角形按钮，从下拉列表中选择“全图”“红色”“黄色”“绿色”“青色”“蓝色”或“洋红”选项，这样，用户即可针对特定颜色通道进行精细的调色。
- 色相、饱和度、明度：在“色相/饱和度”对话框中，通过拖动“色相”“饱和度”和“明度”滑块，或者在相应的文本框中输入数值，可以方便地调整所选通道的色相、饱和度和明度，从而实现更丰富的色彩效果。

- 吸管工具：单击“吸管”工具按钮，并在图像上选择一点，即可选定该点的颜色作为调整的范围。若单击“添加到取样”按钮并在图像上选择颜色，则可以在原有颜色变化范围上增加新的颜色范围。相反，单击“从取样中减去”按钮并选色，则可以从原有颜色变化范围中减去当前选择的颜色范围。
- 着色：当选中“着色”复选框时，图像的整体色调会偏向于单一的红色调，为用户提供了一种快速统一图像色调的方法。

例如，当我们想要调整衣服的颜色时，可以单击“全图”后方的三角形按钮，选择“洋红”选项，然后通过调整色相的参数来实现，如图5-26 所示。这样的操作既简单又直观，能够帮助用户快速达到理想的调色效果。

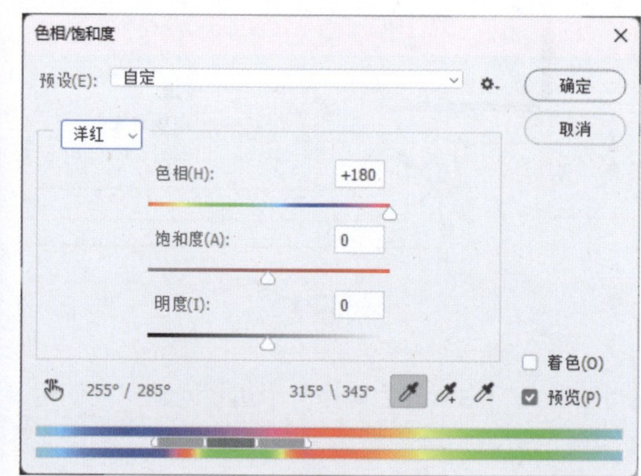

图5-26

2. 自然饱和度

“自然饱和度”命令主要用于智能地调整图像中颜色的鲜艳度。与传统的饱和度调整相比，“自然饱和度”命令在提升颜色鲜艳度的同时，能有效防止因过度饱和而产生的颜色失真问题。用户可以执行“图像”→“调整”→“自然饱和度”命令，弹出“自然饱和度”对话框，如图5-27 所示，从而对图像进行更为自然且真实的色彩调整。

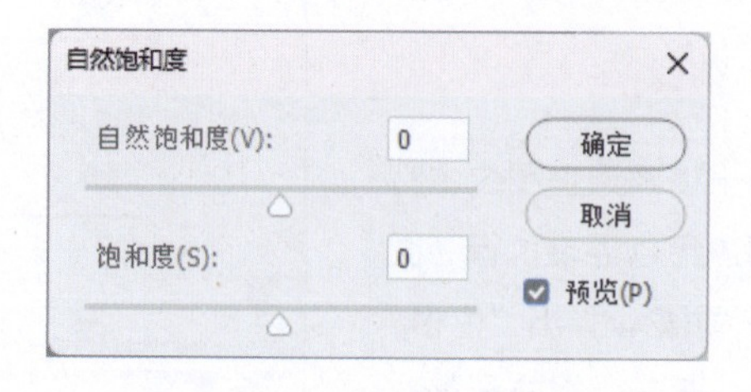

图5-27

当需要调整图像饱和度时，使用常规的饱和度调整命令可能会导致整个画面过于鲜艳，甚至造成皮肤泛红等不自然的现象。此时，选择使用“自然饱和度”命令会更为适宜。“自然饱和度”命令能够智能地识别图像中需要增艳的部分，并对其进行调整，同时保留那些无须改变饱和度的区域在原有水平，如图5-28 所示。这样的调整方式既提升了图像的视觉效果，又确保了色彩的自然与真实。

图5-28

3. 色彩平衡

“色彩平衡”命令允许用户增加或减少图像中高光、中间调及阴影区域的特定颜色，从而调整图像的整体色调。通过执行“图像”→“调整”→“色彩平衡”命令，可以弹出“色彩平衡”对话框，如图5-29 所示，进而对图像进行精细的色彩调整。

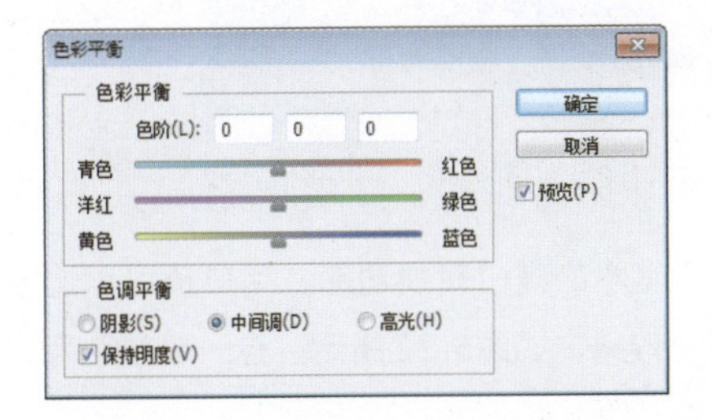

图5-29

答疑解惑：“色彩平衡”命令主要用于调整图像中“青色-红色”“洋红-绿色”和“黄色-蓝色”的比例关系。用户既可以通过手动输入数值来进行精确调整，也可以直观地拖动滑块来实现色彩比例的快速调整。

在“色彩平衡”对话框中，会看到 3 个滑块，分别代表不同的颜色对。通过调整这些滑块，可以轻松地为图片增添所需色彩，从而迅速赋予图片全新的风格和调性，如图5-30 所示。这种调整方式直观且高效，有助于实现个性化的图像处理需求。

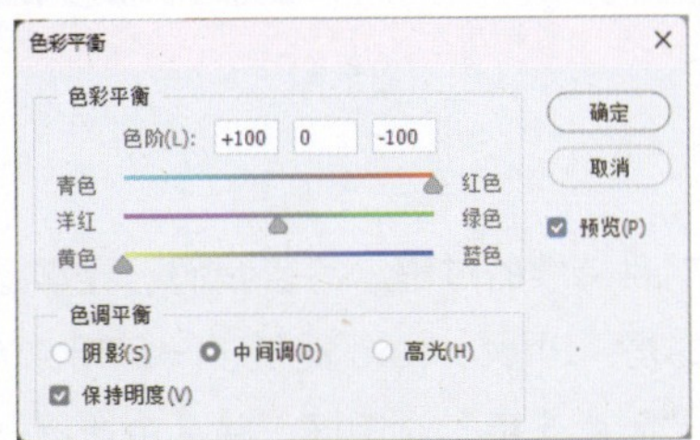

图5-30

4. 黑白

在Photoshop中，制作黑白图像有多种方法，其中一种常用的方法是执行“图像”→“调整”→“黑白”命令。执行该命令后，会弹出“黑白”对话框，在该对话框中，可以通过调整每种颜色的亮度来精细控制图像的黑白效果，如图5-31所示。这种方法允许用户根据具体需求，自定义黑白图像的亮度和对比度，从而达到理想的视觉效果。

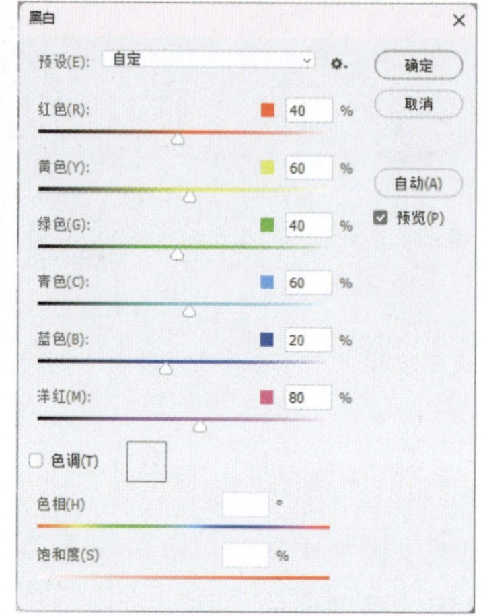

图5-31

除了基本的黑白转换功能，用户还可以选中下方的“色调”复选框，并选择适当的颜色，从而轻松实现单色调图像效果，如图5-32所示。这一功能为用户提供了更多创意空间，让黑白图像也能呈现出丰富多彩的视觉效果。

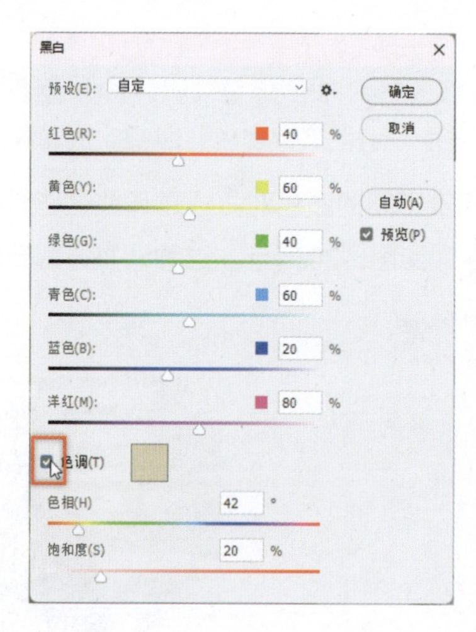

图5-32

5. 照片滤镜

色彩感知的培养与积累是一个长期且持续的过程。尽管我们已经掌握了各种调色工具，但想要立即创作出令人惊叹的调色作品并非易事。幸运的是，Photoshop提供了一键调色的便捷功能。通过执行“图像”→“调整”→“照片滤镜”命令，可以弹出“照片滤镜”对话框，并从中选择一个适合的滤镜。应用滤镜后，画面效果会立刻产生显著变化。此外，对话框下方的“密度”参数用于控制滤镜效果的强度，数值越大，滤镜效果越明显，如图5-33 所示。这一功能大大简化了调色流程，使我们能够更快速地探索不同的色彩效果。

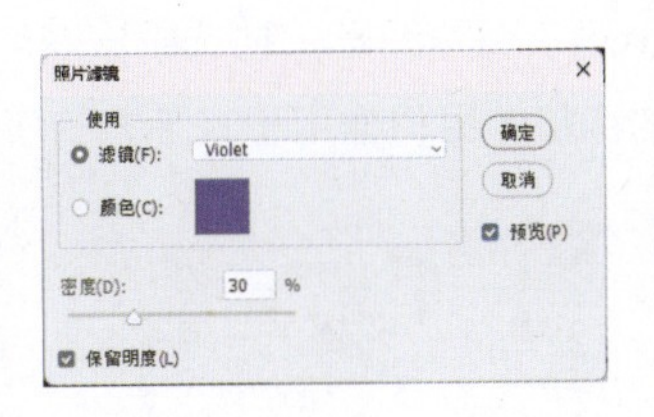

图5-33

6. 颜色查找

执行“图像”→“调整”→“颜色查找”命令，即可弹出“颜色查找”对话框。该对话框中提供了丰富的 LUTs（颜色查找表）预设供用户选择，以便快速应用各种独特的色彩效果，如图5-34 所示。这一功能极大地方便了用户进行色彩调整，使图像处理更加高效且富有创意。

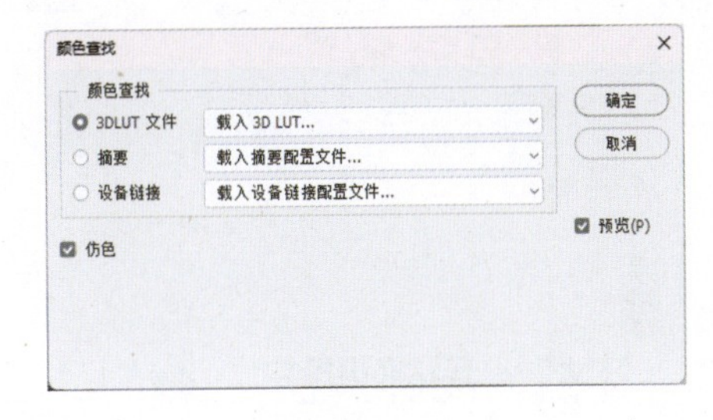

图5-34

这些 LUTs（颜色查找表）能够模拟多种电影、相机或特定风格的色调，从而为图像增添丰富多彩的视觉效果，如图5-35 所示。通过应用这些 LUTs，用户可以轻松地实现专业级的色彩调整，提升图像的艺术表现力和观赏性。

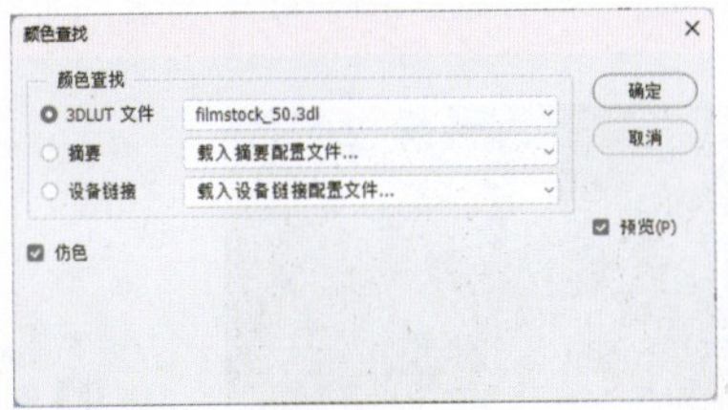

图5-35

5.3 调整图层

在使用前述方法对图像进行调整后，若希望再次修改，可能会发现这些操作是不可逆的，无法像调整图层样式那样进行反复修改。为了解决这个问题，接下来将介绍一种可逆的图层调整方法。这种方法允许用户在设计过程中更加灵活地进行修改，从而提高工作效率和创作自由度。

5.3.1 基本操作

执行“窗口”→“调整”命令，即可调出“调整”面板，如图5-36 所示。在此面板中，单击“亮度 / 对比度”

图标☀，Photoshop 会在“图层”面板中自动新建一个与亮度 / 对比度相关的调整图层，如图5-37 所示。

随后，在“属性”面板中对参数进行调整，如图5-38 所示。调整后的效果将直接应用于该调整图层上，并且这些参数可随时进行反复修改。一旦创建了调整图层，在选中该图层的情况下，用户即可在“属性”面板中修改相关参数。值得注意的是，所添加的调整效果将作用于其下方的所有图层。

图5-36

图5-37

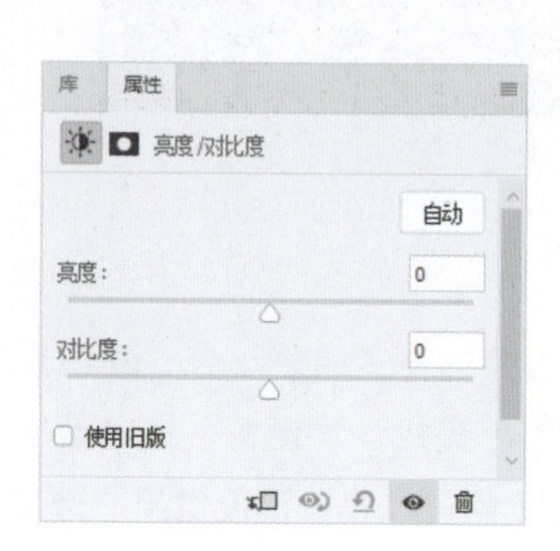

图5-38

5.3.2 实战：局部调整

在调整图像时，若希望对图片中的特定区域进行局部调整，如将两位新人与背景人物进行亮暗区分，可进行以下操作步骤。

01 使用选区工具将两位新人选出来，在“调整”面板中单击“亮度/对比度”图标☀，此时“图层”面板中该图层出现了图层蒙版，选中蒙版图层，按快捷键Ctrl+I进行反选，如图5-39 所示。

图5-39

02 调整亮度/对比度的参数，参数和调整效果如图5-40 所示。

图5-40

03 使用“画笔工具”，选中图层蒙版，前景色改为黑色，将最前面两人举起的烟花部分涂抹提亮，最终效果如图5-41所示。

图5-41

5.3.3 限定调整范围

在图像中，若要将一辆橙色的汽车进行颜色调整，而不影响其他部分，可以先使用选区工具将汽车抠出并复制到一个新的图层，即“图层 1”。随后，当使用“色相 / 饱和度”命令调整颜色时，为避免整个画面的颜色发生变化，可以按快捷键 Ctrl+Alt+G，将“色相 / 饱和度”调整图层快速建立为剪切蒙版，并剪切到下面的“图层 1”上。这样，颜色调整将仅应用于“图层 1”中的汽车，而旁边的大车将保持原有颜色不变，如图5-42 所示。

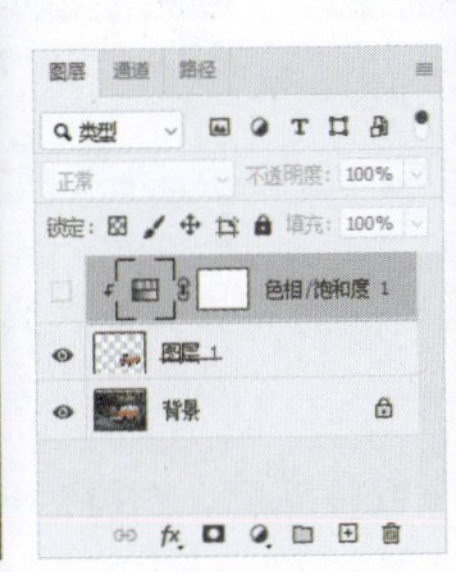

图5-42

5.3.4 调整效果强度

调整图层具备的一个重要优势是，能够灵活控制所应用调整效果的强度。在选择一张图片并使用颜色查找功能为其添加滤镜后，若发现效果过于浓烈，可以选中对应的调整图层，并通过降低其不透明度来减弱整体效果。这种操作方式直观且便捷，有助于实现更为细腻的色彩调整，如图5-43 所示。

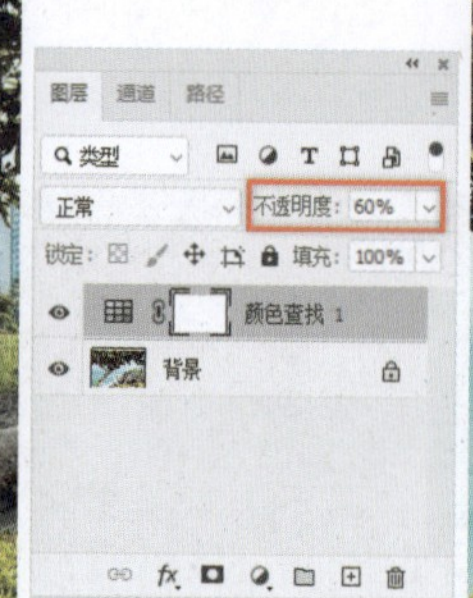

图5-43

5.4 综合实战：城市夜景

本实战案例的目标是完成一幅具有黑金风格的城市夜景作品，呈现出独特的视觉魅力，如图5-44所示。

图5-44

本实战案例的制作要点如下。

- 导入城市夜景素材，并复制背景图层，之后将其调整为黑白效果。接着，提取高光，并把混合模式设为“柔光”。
- 添加“色彩平衡”及“色相/饱和度”调整图层，对整体色调和对比度进行优化。
- 使用蒙版和画笔工具进行局部调整，以完成黑金风格的设计效果。

第 6 章

滤镜：美化与特效

滤镜作为 Photoshop 的“魔法”工具，能够迅速实现诸多令人叹为观止的特效，如印象派绘画风格、马赛克拼贴视觉效果，或者增添别具一格的光照和扭曲效果。本章将深入剖析若干常用滤镜的功能，并探讨滤镜在图像处理过程中的具体运用及操作技巧。

6.1 滤镜效果

Photoshop 中的滤镜种类繁多，尽管各种滤镜的功能和应用场景不尽相同，但在使用方法和原理上存在诸多共通之处。深入了解和熟练掌握这些方法和技巧，对于提升滤镜使用的效率和效果大有裨益。

6.1.1 什么是滤镜

滤镜原本指相机镜头前的镜片，能够为摄影作品增添特殊效果。而在 Photoshop 中，滤镜则是一种插件模块，能够直接操控图像中的像素。由于位图是由像素构成的，且每个像素都有其独特的位置和颜色值，滤镜正是通过改变这些像素的位置或颜色来创造出各种特效。“滤镜”菜单中包含了 100 多种滤镜选项，如图6-1 所示，为用户提供了丰富的图像处理工具。

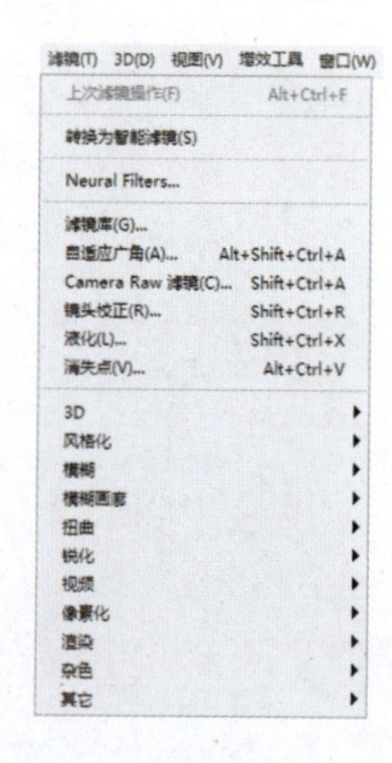

图6-1

6.1.2 滤镜的种类

滤镜可分为内置滤镜和外挂滤镜两大类。内置滤镜是 Photoshop 软件自带的各种滤镜，而外挂滤镜则是由其他厂商开发，需要安装在 Photoshop 中方可使用的滤镜。接下来，将详细阐述 Photoshop 2025 中内置滤镜的使用方法与技巧。

6.1.3 使用滤镜

掌握滤镜的使用规则和技巧，可以有效地避免操作误区，提高图像处理效率。

1. 使用规则

当使用滤镜处理某个图层中的图像时，必须先选择该图层并确保其为可见状态。滤镜可以应用于当前的选择范围、整个图层或特定通道。若需将滤镜效果应用于整个图层，要确保未选择任何图像区域。

值得注意的是，某些滤镜仅适用于 RGB 颜色模式的图像，不适用于位图模式或索引模式的图像，而有些滤镜则无法在 CMYK 颜色模式下应用。此外，部分滤镜完全在内存中处理，因此在处理高分辨率图像时可能会占用大量内存资源。

在应用滤镜之前，预览其效果是非常重要的，这样可以帮助我们调整到最佳的滤镜参数。预览滤镜效果主要有以下几种方式。

(1) 如果滤镜对话框中包含“预览”复选框，选中“预览”复选框以在图像窗口中实时预览滤镜应用后的结果。在预览过程中，仍可以按快捷键Ctrl++和Ctrl+—来调整图像窗口的大小。

(2) 大多数滤镜对话框都配备有预览框，可以在其中预览滤镜效果。按住鼠标左键在预览框内拖动，可以移动预览图像，从而查看不同位置的图像效果，如图6-2所示。

(3) 将鼠标指针移至图像窗口，此时鼠标指针将变为□形状。单击图像，即可在滤镜对话框的预览框中显示该区域图像应用滤镜后的效果。

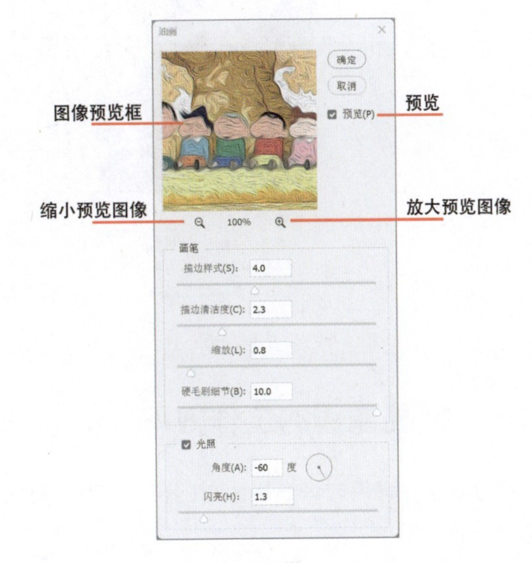

图6-2

若已创建选区，如图6-3所示，滤镜将仅对选中的图像区域进行处理，效果如图6-4所示；若未创建选区，则滤镜将对当前图层中的全部图像进行处理。

图6-3

图6-4

2. 使用技巧

在滤镜对话框中调整参数时，若按住Alt键，“取消”按钮会转变为“复位”按钮，如图6-5所示。单击此按钮，即可将所有参数重置为初始状态。

应用一个滤镜后，该滤镜的名称会出现在“滤镜”菜单中。通过执行该命令或按快捷键Ctrl+F，可以快速再次应用此滤镜。若需调整滤镜参数，可按快捷键Alt+Ctrl+F，弹出对应的对话框进行重新设置。

在滤镜处理过程中，如果希望中断操作，可以按Esc键。

在应用滤镜处理图像后，执行“编辑”→“渐隐”命令，可以进一步调整滤镜效果的混合模式和不透明度，以达到更理想的处理效果。

图6-5

6.1.4 提高滤镜的工作效率

部分滤镜在使用时会占用大量内存，尤其是在处理大尺寸、高分辨率的图像时，可能会导致处理速度显著下降。

对于尺寸较大的图像，建议先选择图像上的某个区域进行滤镜效果测试。待获得满意效果后，再将其应用于整幅图像，以节省处理时间。若图像尺寸非常大且系统内存不足，可以考虑将滤镜分别应用于各个通道中的图像，以减轻内存压力并添加所需的滤镜效果。

在运行滤镜之前，建议先执行“编辑”→“清理”→“全部”命令，以释放被占用的内存资源。此外，还可以尝试为 Photoshop 分配更多的内存，或者关闭其他正在运行的应用程序，从而为 Photoshop 提供更多的可用内存。

针对某些特别占用内存的滤镜，如“光照效果”“木刻”“染色玻璃”“铬黄”“波纹”“喷溅”“喷色描边”和“玻璃”等，可以尝试调整其设置以提高处理速度。

6.2 智能滤镜

智能滤镜，顾名思义，是专门应用于智能对象上的滤镜。与普通图层上的滤镜应用不同，Photoshop 在使用智能滤镜时保存的是滤镜的参数和设置，而非直接应用滤镜后的图像效果。这样的设计使用户在发现滤镜参数设置不当、滤镜应用顺序有误或某个滤镜不再需要时，能够像调整图层样式一样轻松地关闭该滤镜或重置其参数。随后，Photoshop 会根据新的参数对智能对象进行重新计算和渲染，从而提供更大的灵活性和便利性。

6.2.1 智能滤镜与普通滤镜的区别

在 Photoshop 中，普通滤镜是通过直接修改图像像素来产生效果的。例如，图6-6 展示了一个原始图像文件，而图6-7 则显示了经过“镜头光晕”滤镜处理后的效果。从“图层”面板中可以观察到，“背景”图层的像素已经被滤镜修改。一旦图像被保存并关闭，这些修改将成为永久性的，无法恢复到原始状态。

图6-6

图6-7

智能滤镜是一种非破坏性的滤镜技术，它能够将滤镜效果应用于智能对象之上，同时保持图像的原始数据不被修改。图6-8 展示了“镜头光晕”智能滤镜的处理效果，该效果与常规的“镜头光晕”滤镜产生的效果完全一致。通过这种智能处理方式，可以确保原始图像的完整性和可恢复性。

图6-8

延伸讲解：在遮盖智能滤镜时，需要注意的是，蒙版会同时应用于当前图层中的所有智能滤镜，而无法单独遮盖某一个智能滤镜。若需要暂时停用智能滤镜的蒙版，可执行“图层”→“智能滤镜”→“停用滤镜蒙版”命令，此时蒙版上会出现一个红色的x标志，表示蒙版已停用。若需要彻底删除蒙版，可执行“图层”→“智能滤镜”→“删除滤镜蒙版”命令。

6.2.2 实战：使用智能滤镜

要应用智能滤镜，首先需要将图层转换为智能对象，或者执行“滤镜”→“转换为智能滤镜”命令。接下来，将详细讲解智能滤镜的使用方法。

01 启动Photoshop，按快捷键Ctrl+O，打开相关素材中的“滑雪.jpg”文件，如图6-9所示。

02 选择“背景”图层，按快捷键Ctrl+J，得到“图层1”。

03 选择“图层1”，执行“滤镜”→“转换为智能滤镜”命令，弹出提示对话框，单击“确定”按钮，将“图层1”图层转换为智能对象，如图6-10所示。

图6-9

图6-10

延伸讲解：任何应用于智能对象的滤镜均被视为智能滤镜。若当前图层已为智能对象，则可直接对其应用滤镜，无须额外执行转换为智能滤镜的操作。

04 将前景色设置为黄色（#f1c28a），执行“滤镜”→“滤镜库”命令，弹出“滤镜库”对话框。为对象添加“素描”组中的“半调图案”滤镜效果，并将“图像类型”设置为“网点”，如图6-11所示。

05 单击“确定”按钮，对图像应用智能滤镜，效果如图6-12所示。

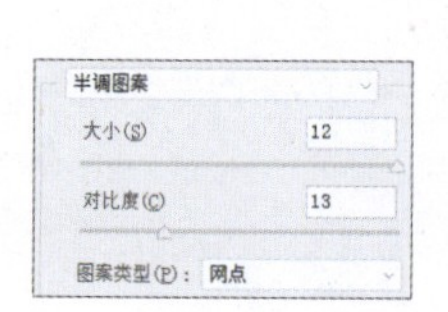

图6-11

图6-12

06　设置“图层1”图层的混合模式为“线性加深”，如图6-13所示。

图6-13

6.2.3　实战：编辑智能滤镜

添加智能滤镜效果后，仍然可以对其进行修改。接下来，将以实例的形式，详细介绍如何编辑智能滤镜，以及一些相关的技巧和方法。具体的操作步骤如下。

01　启动Photoshop，按快捷键Ctrl+O，打开相关素材中的“滑雪”文件，如图6-14所示。

02　在“图层”面板中双击“图层1”的“滤镜库”智能滤镜，如图6-15所示。

图6-14

图6-15

03　在弹出的对话框中，选择“纹理化”滤镜，在右侧修改滤镜参数，如图6-16所示，修改完成后，单击“确定”按钮即可预览修改后的效果。

04　修改图层混合模式为“柔光”，效果如图6-17所示。

延伸讲解： 当为普通图层应用滤镜时，需要通过执行“编辑”→“渐隐”命令来调整滤镜的不透明度和混合模式。然而，对于智能滤镜而言，这一过程更为便捷。只需双击智能滤镜旁边的“编辑滤镜混合选项”图标，即可随时修改其不透明度和混合模式。

图6-16　　　　图6-17

05 在“图层”面板中双击“滤镜库”智能滤镜旁的“编辑滤镜混合选项”图标，如图6-18所示。

06 弹出“混合选项（滤镜库）”对话框，设置滤镜的不透明度和混合模式，如图6-19所示。

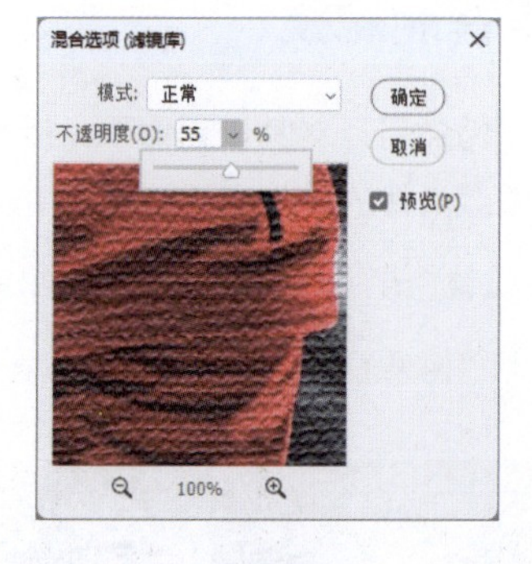

图6-18　　　　图6-19

07 在“图层”面板中，单击“滤镜库”智能滤镜前的图标，如图6-20所示，隐藏该智能滤镜效果，再次单击该图标，可重新显示滤镜效果。

08 在“图层”面板中，双击“背景”图层，得到“图层0”图层，并将该图层转换为“智能对象”。按住Alt键的同时将鼠标指针悬停在智能滤镜图标之上，如图6-21所示。

09 拖动智能滤镜图标从一个智能对象至另一个智能对象，便可复制智能滤镜，如图6-22和图6-23所示。

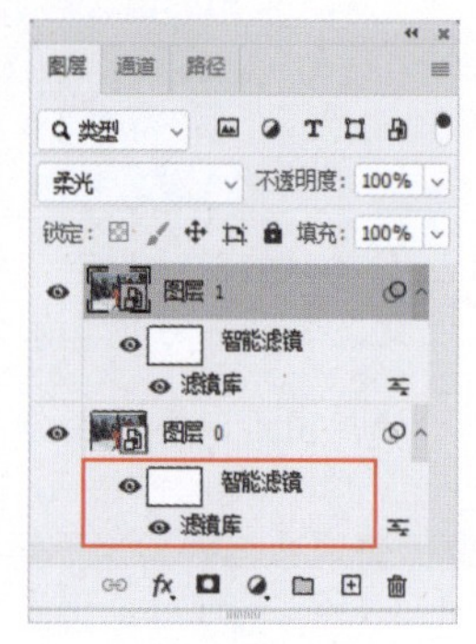

图6-20　　　　图6-21　　　　图6-22　　　　图6-23

答疑解惑：哪些滤镜可以作为智能滤镜使用呢？除了“液化”和“消失点”等少数特定滤镜，Photoshop中的其他滤镜均可作为智能滤镜使用。这包括那些支持智能滤镜功能的外挂滤镜。此外，位于“图像”→“调整”菜单下的“阴影/高光”和“变化”命令，同样可以作为智能滤镜来应用，为用户提供更多的灵活性和编辑选项。

6.3 滤镜应用

滤镜可分为专项滤镜和分类滤镜两种。专项滤镜通常具有特定的功能切入点，用途较为专门化，因此使用方式相对复杂。而分类滤镜则提供较为轻量级的滤镜效果，且每个分类下都包含若干个小滤镜，如图6-24 所示。本节将对这两种滤镜进行深入讲解。

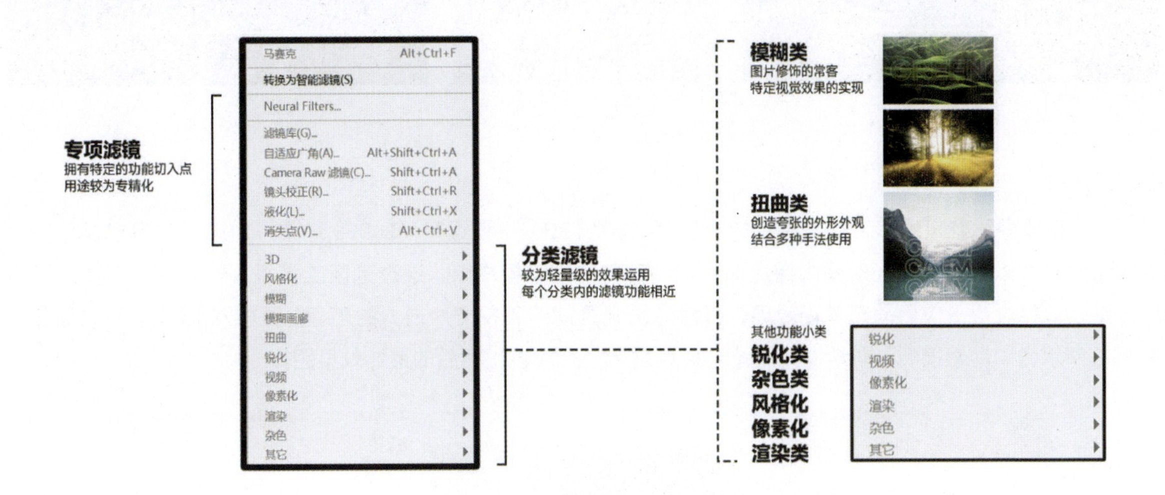

图6-24

6.3.1 模糊滤镜

在“滤镜”→“模糊”子菜单中可以看到如图6-25 所示的模糊滤镜命令。这些模糊滤镜能够柔化像素、降低相邻像素间的对比度，从而为图像带来柔和、平滑的过渡效果。接下来，将详细介绍几种常用的模糊滤镜。

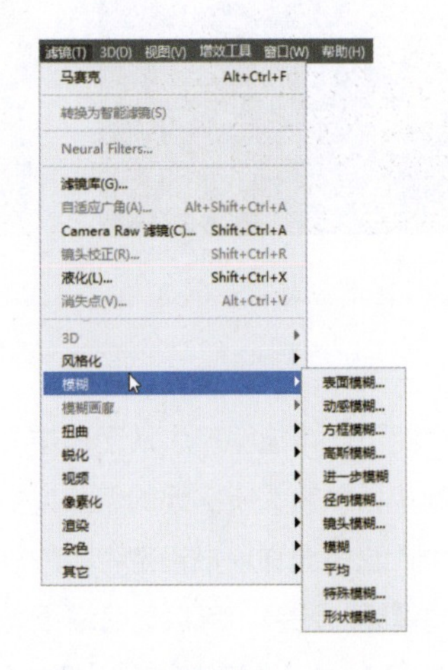

图6-25

1. 高斯模糊

“高斯模糊”滤镜能够为图像添加低频细节，并通过调整半径数值来控制图像的模糊程度，从而赋予图像一种朦胧的效果。当需要使背景图层与前方的图像更和谐融合时，对背景进行模糊处理是一个有效的手段。这样做既保留了背景图像原本的色彩特征，又通过模糊效果隐去了具体的图像内容，使整体视觉效果更为协调。利用模糊手法设计背景是设计中常用的手段。图6-26 展示了原始图像，图6-27 所示为“高斯模糊”对话框，而图6-28 则展示了应用“高斯模糊”滤镜后的最终效果图。

图6-26

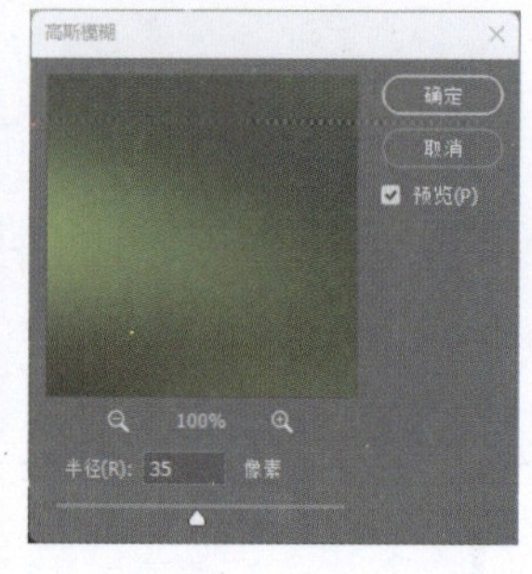

图6-27

图6-28

2. 动感模糊

“动感模糊”滤镜能够沿用户指定的角度（-360°~360°）和距离（1~999 像素）对图像进行模糊处理，生成的效果类似在固定曝光时间内捕捉高速运动对象的动态模糊感。通过选区工具将人物从背景中精确抠出后，可以单独对背景应用动感模糊效果，以营造出更具动感和视觉冲击力的画面。图6-29 展示了原始图像，图6-30 所示为“动感模糊”对话框，而图6-31 则展示了应用该滤镜后的最终效果图。

图6-29

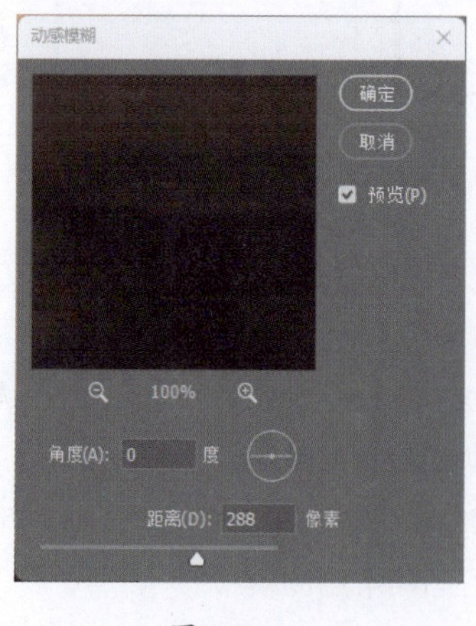

图6-30

图6-31

3. 径向模糊

“径向模糊”滤镜能够产生从图像中心向外辐射状逐渐增强的模糊效果。这种滤镜常被用于模拟摄影中通过前后移动或旋转相机镜头所实现的聚焦或变焦特效，从而使图像呈现由中心向四周旋转发射的视觉感受。具体而言，“径向模糊”滤镜允许用户设定特定的旋转方向以及模糊强度来进行精细处理。选取一张带有光照效果的图片，并应用“径向模糊”滤镜，可以显著增强光照的氛围感，营造出更为引人入胜的视觉效果。图6-32 展示了原始图像，图6-33 所示为“径向模糊”对话框，而图6-34 则展示了应用该滤镜后的精彩效果图。

图6-32

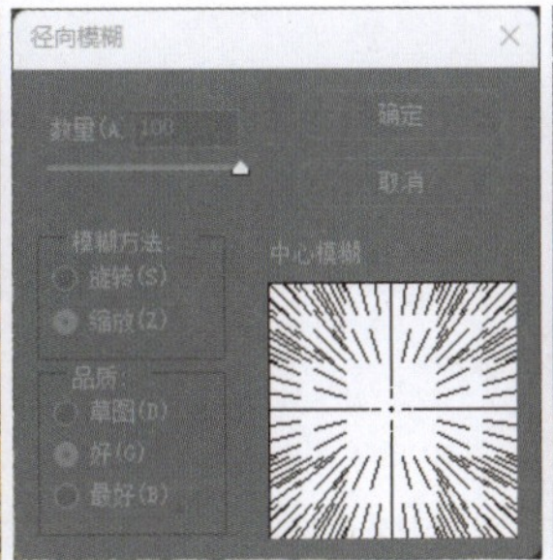

图6-33

图6-34

6.3.2 扭曲滤镜

在“滤镜”→“扭曲”子菜单中可以看到如图6-35所示的扭曲滤镜。扭曲滤镜是一组功能强大的工具，能够对图像进行多样化的变形和扭曲处理，从而创造出别具一格且充满创意的艺术效果。

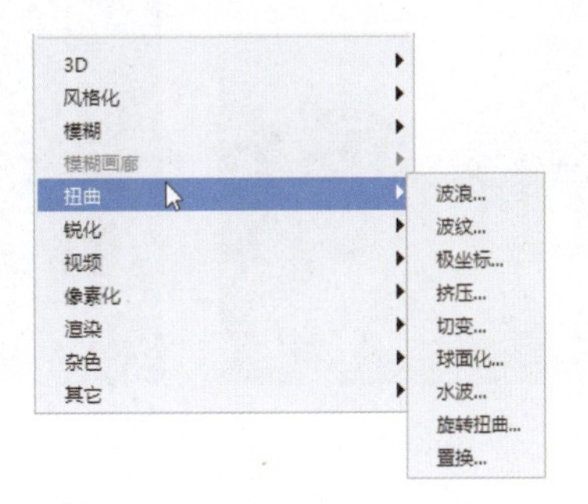

图6-35

1. 球面化

“球面化”滤镜能够通过调整图像的扩展与伸缩，以球面形式呈现视觉效果。具体来说，它可以使图像的中心点产生向外或向内的变形，从而模拟出类似球体凸起或凹陷的立体效果。若想要制作出更具真实感的球面化效果，可以先使用“椭圆选框工具”在图像中央绘制一个圆形选区，然后应用“球面化”滤镜进行凸起操作。最后，通过图层样式中的“斜面与浮雕”选项，进一步增强立体感。图6-36展示了原始图像，图6-37所示为“球面化”对话框，而图6-38则展示了应用该滤镜后的效果。

图6-36

图6-37

图6-38

2. 水波

“水波”滤镜是一款强大的工具，能够模拟水面上的波纹效果。用户通过这款滤镜，可以创造出类似向水池中投入石子后水面荡起的同心圆状波纹效果。若想在图像的特定区域制作水波效果，可以先使用“矩形选框工具”框选出目标区域，再应用“水波”滤镜。图6-39 展示了原始图像，图6-40 所示为“水波”对话框，而图6-41 则展示了应用该滤镜后的逼真水波效果。

图6-39

图6-40

图6-41

3. 波浪

“波浪”滤镜是一款功能强大且灵活多变的工具，它能够在图像上轻松创建出波状起伏的图案，进而生成充满动感和立体感的波浪效果。图6-42 展示了原始图像，图6-43 所示为“波浪”对话框，而图6-44 展示了应用“波浪”滤镜后的效果。

图6-42

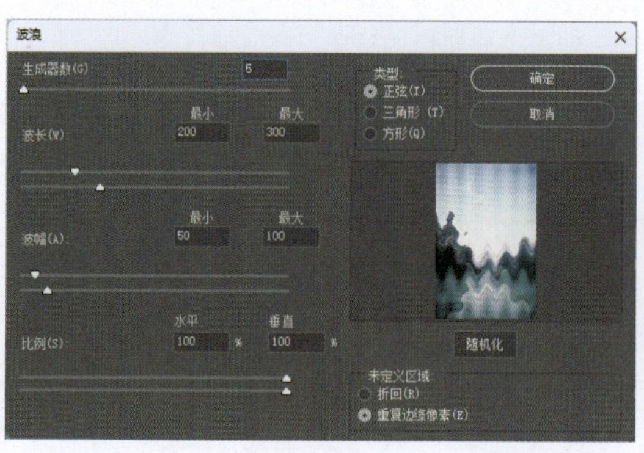

图6-43

图6-44

6.3.3 其他滤镜

其他功能滤镜在日常应用中相对较少使用，且其适用范围较为有限。本节将一同探索这些滤镜的独特魅力。

1. 风

“风”滤镜是一款能够模拟自然风效果的工具，它通过在图像中创建细微的水平线条来模拟刮风的效果。使用该滤镜，可以为图像增添动态的风吹效果，从而提升图像的动感和生动性。要应用此滤镜，可以执行“滤镜”→“风格化”→“风”命令。图6-45 展示了原始图像，图6-46 所示为“风”对话框，而图6-47 则生动地展示了应用“风”滤镜后的效果。

图6-45

图6-46

图6-47

按住 Alt 键复制多层“风”滤镜，效果会叠加，如图6-48 所示。随着“风”滤镜层数的增加，风的效果会逐渐增强，图6-49 所示，展示了复制若干层“风”滤镜后的效果，风的痕迹变得更加明显和强烈。

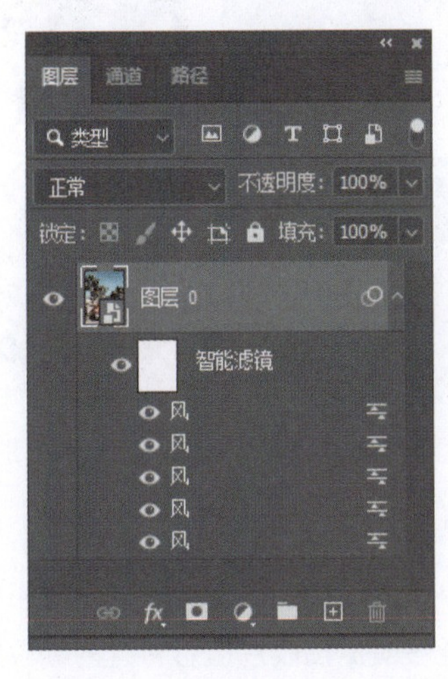

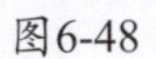

图6-48

图6-49

2. 智能锐化

“智能锐化”滤镜的主要功能是检测图像中颜色变化显著的区域，如边缘和轮廓，并对其进行精准锐化。相较于传统的锐化滤镜，“智能锐化”滤镜提供了更为智能且精细的锐化控制选项。通过执行“滤镜”→“锐化”→“智能锐化”命令，可以轻松调整图像以达到理想的锐化效果。图6-50 展示了原始图像，图6-51 所示为“智能锐化”对话框，而图6-52 则展示了应用“智能锐化”滤镜后的效果，图像中的边缘和细节部分得到了显著提升，整体视觉效果更为清晰锐利。

图6-50

图6-51

图6-52

3. 晶格化

“晶格化”滤镜是一款极具实用性的工具，其工作原理是将图像中的相近有色像素聚集到一个多角形网格的单一像素内，从而塑造出一种别具一格的晶格化视觉效果。要应用此滤镜，可以执行“滤镜”→“像素化”→“晶格化”命令。图6-53 展示了原始图像，图6-54 所示为“晶格化”对话框，而图6-55 展示了应用“晶格化”滤镜后的效果，图中的像素被巧妙地重新排列，形成了一种独特的晶格化风格，令人耳目一新。

图6-53

图6-54

图6-55

4. 添加杂色

“添加杂色”滤镜的功能是在图像中引入随机分布的像素，从而赋予图像一种色散和颗粒感的视觉效果。此滤镜的应用范围相当广泛，尤其在摄影后期处理中，它能够模拟出胶片摄影特有的颗粒感，为图像营造一种复古的韵味。而在设计创作领域，该滤镜则常被用于生成具有丰富纹理和质感的背景或设计元素，进而提升设计的层次感和视觉吸引力。

要应用此滤镜，执行“滤镜”→“杂色”→“添加杂色”命令。图6-56 展示的是未经处理的原始图像，图6-57 所示为“添加杂色”对话框，而图6-58 展示了应用“添加杂色”滤镜后的图像效果，图中的颗粒感为原本平滑的图像增添了独特的视觉质感。

图6-56

图6-57

图6-58

5. 镜头光晕

“镜头光晕”滤镜能够模拟相机镜头在拍摄过程中由于光线折射而产生的光晕效果，为图像增添独特的视觉魅力。通过执行“滤镜”→“渲染”→“镜头光晕”命令，可以轻松调整图像并应用该效果。图6-59 展示了原始图像，图6-60 所示为“镜头光晕”对话框，而图6-61 展示了应用“镜头光晕”滤镜后的效果，图中的光晕效果使得图像更加绚丽多彩，令人眼前一亮。

图6-59

图6-60

图6-61

6.3.4 实战：漫画风格设计

漫画风格在商业海报设计和宣传中得到了广泛应用，其活泼、亲切的特点深受人们喜爱。本案例将涵盖漫画元素的设计与绘制，同时介绍如何将人与物进行漫画化的视觉操作手法。或许你会认为，实现这样的设计效果需要手绘或绘画技能，然而，本例将学习到如何利用滤镜技巧轻松制作出具有漫画风格的作品，无须深厚的绘画基础。

01 启动Photoshop，执行“文件”|“打开”命令，导入素材图像，并调整图像的大小，如图6-62 所示。

02 执行“滤镜”→“滤镜库”命令，在弹出的对话框的“艺术效果”下拉列表中选择“海报边缘”滤镜，调整参数后单击“确定”按钮，如图6-63所示。

图6-62

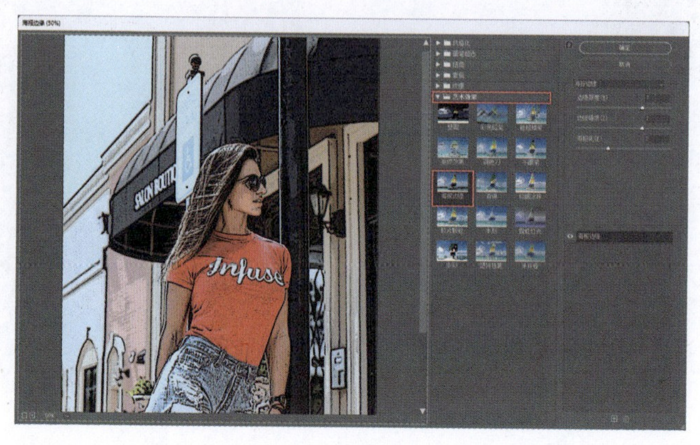

图6-63

03 执行“滤镜”→“像素画”→“彩色半调”命令，在弹出的“彩色半调”对话框中调整参数，如图6-64所示。

04 双击“图层”面板中彩色半调的“混合选项”按钮，弹出“混合选项（彩色半调）”对话框，并调整参数，如图6-65所示。

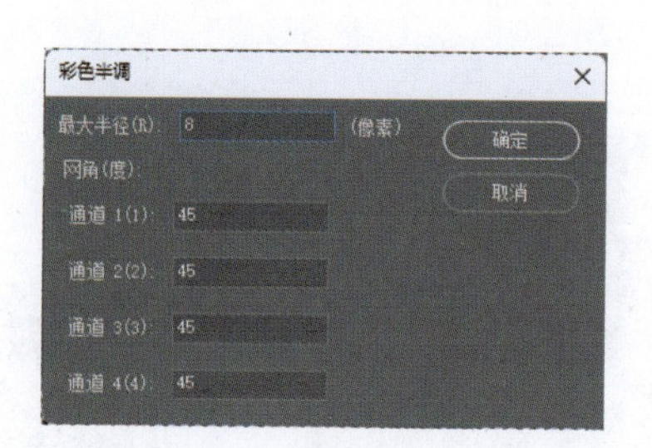

图6-64

图6-65

05 选中“图层”面板中的智能滤镜，设置前景色为黑色，使用柔边“画笔工具”将人物面部涂抹，擦除部分滤镜效果。

06 再进入“属性”面板，调整滤镜蒙版的密度，参数调整如图6-66所示，调整效果如图6-67所示。

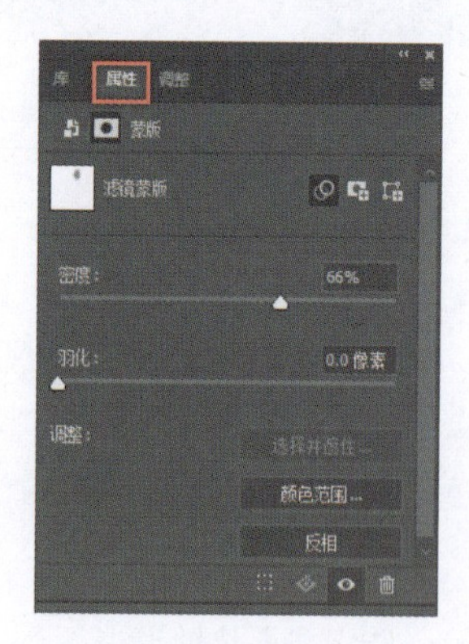

图6-66

图6-67

07 单击“图层”面板下方的“创建新的填充或调整图层”按钮，在弹出的菜单中选择“黑白”选项，将人物抠出来，设置前景色为黑色，并在选区内涂抹，如图6-68 所示。

08 新建空白图层，保持人物选区，选中“矩形选框工具”，在选区内右击，在弹出的快捷菜单中选择“建立工作路径”选项，设置“容差”为2.0像素后单击“确定”按钮。

09 选择“钢笔工具”，在工具选项栏中选择“形状”选项，并填充为黑色，如图6-69 所示。

图6-68

图6-69

10 选择“矩形工具”，在工具选项栏中设置黑色描边效果，参数设置如图6-70 所示，描边效果如图6-71 所示。

图6-70

图6-71

11 选择“矩形工具”，绘制一个矩形，在工具选项栏中单击“路径操作”按钮，在下拉列表中选择“减去顶层形状”选项，如图6-72 所示。

12 复制一份矩形图层，选择“路径选择工具”，在工具选项栏中单击“路径操作”按钮，在下拉列表中选择“合并形状”选项。

13 选择“矩形工具”，再次在工具选项栏中设置黑色描边效果，参数设置如图6-73 所示。

14 按住Ctrl键单击蒙版，将人物周围的选区再度提取出来，再将两个漫画框的图层编组后新建蒙版.使用黑色“画笔工具”将头部遮挡部分涂抹出来，再将形状图层移至最上方，同样单击“添加图层蒙版”按钮将多余部分涂抹。

图6-72

图6-73

15 使用“横排文字工具” T，输入英文字并调整字体，右击文字图层，在弹出的快捷菜单中选择“混合选项”选项，弹出“图层样式”面板，调整“描边”和“投影”参数，如图6-74所示。

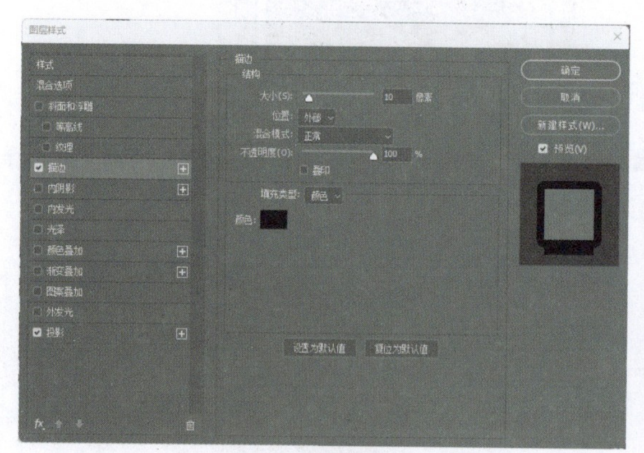

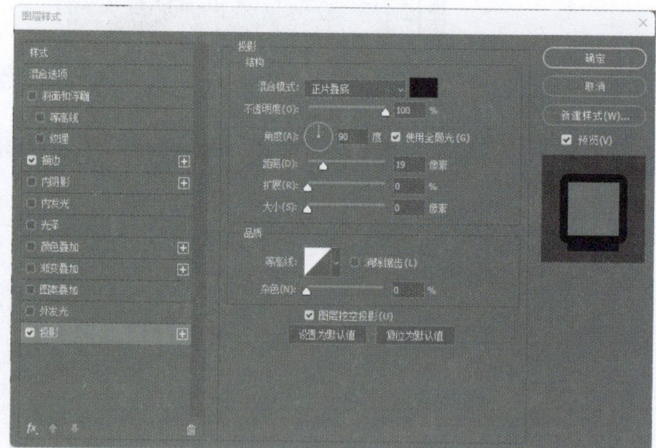

图6-74

16 使用“渐变工具” ，将前景色和背景色分别设置为黑色和白色，在工具选项栏中单击“渐变编辑器”按钮 ，在“基础”选项中找到黑白渐变并使用。

17 新建图层，由黑到白创建一个渐变效果，按快捷键Ctrl+Alt+G创建剪贴蒙版，如图6-75所示。

18 选择渐变图层，执行“滤镜”→“像素画”→“彩色半调”命令，如图6-76所示。

图6-75

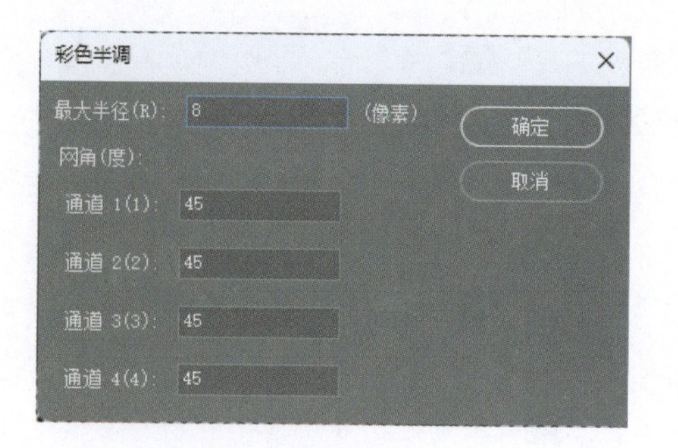

图6-76

19 单击“图层”面板下方的“创建新的填充或调整图层”按钮，在弹出的菜单中选择“渐变映射”选项，并调整参数，如图6-77所示。

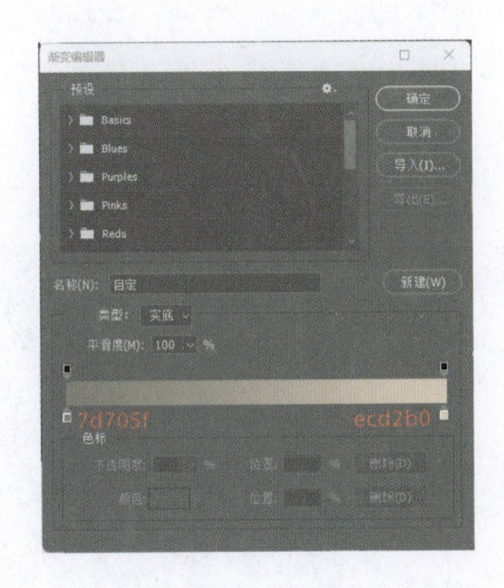

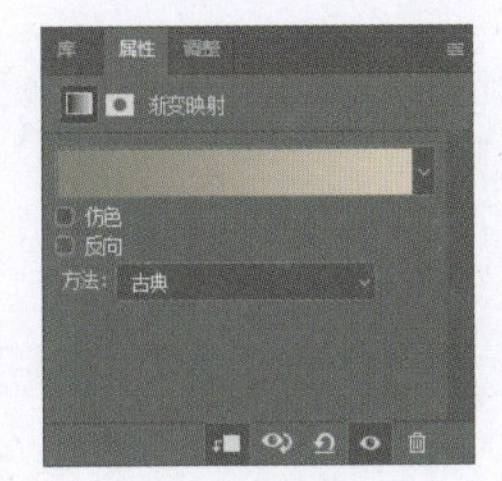

图6-77

20 调整完成后，按快捷键Ctrl+Alt+G创建剪贴蒙版。

21 再次单击“图层”面板下方的“创建新的填充或调整图层”按钮，在弹出的菜单中选择“颜色查找”选项，并调整参数，如图6-78所示。

22 在图像下方添加文字装饰，最终效果如图6-79所示。

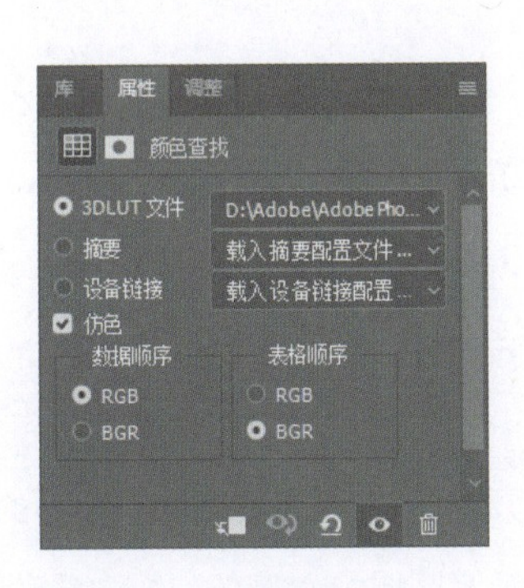

图6-78

图6-79

6.4 液化修颜

在利用 Photoshop 进行人像照片编辑修饰时，我们可能会思考如何从体态和五官上优化照片的呈现效果。如今，虽然有许多简单易用的修图 App 能够实现这一点，但作为一款专业的图像处理软件，Photoshop 同样提供了丰富的专业工具，以支持用户完成精细的修图操作。这些工具不仅功能强大，而且使用起来也相当灵活，能够满足用户对于人像照片修饰的各种需求。

6.4.1 液化基础

“液化”作为滤镜的一个重要分支，本节将详细阐述其具体操作方法，并探讨如何运用“液化”工具对人物的身体和面部进行基本调整。通过执行“滤镜”→“液化”命令，会弹出“液化”对话框，如图6-80所示，进而展开后续的编辑工作。

图6-80

“液化”对话框中的主要选项的含义如下。

- “向前变形工具”：此工具允许在图像上拖动，通过向前推动图像来产生所需的变形效果。
- “重建工具”：借助该工具，可以通过绘制特定的变形区域，来部分或全部地恢复图像的原始状态。
- “平滑工具”：此工具可用于在图像上涂抹，有效平滑图像的边缘，使之更加自然流畅。
- “顺时针旋转扭曲工具”：在图像中单击或拖动鼠标指针，该工具可使像素顺时针旋转；若按住Alt键操作，则像素会逆时针旋转。
- “褶皱工具”：该工具能够使像素向画笔区域的中心聚拢，从而为图像带来收缩的视觉效果。
- “膨胀工具”：与褶皱工具相反，此工具使像素向画笔区域中心以外的方向移动，使图像产生膨胀的视觉效果。
- “左推工具”：在图像中使用此工具，向下拖动会使像素向右挤压，而向上拖动则会使像素向左挤压。
- “冻结蒙版工具”：此工具可将不希望进行液化的区域创建为冻结蒙版，以确保这些区域在编辑过程中保持不变。
- “解冻蒙版工具”：在已冻结的区域上使用该工具进行涂抹，可以解除冻结状态，使其恢复可编辑状态。
- “脸部工具”：专为合照设计，使用此工具可以方便地选定合照中的单个人脸，并进行针对性的单独调整。

- “抓手工具”：当图片素材被放大时，利用此工具可以轻松地拖曳图像至视图的其他位置，便于查看和编辑。
- “缩放工具”：使用该工具单击图像即可放大视图，若按住Alt键的同时单击图像，则可将视图缩小。

6.4.2 面部调整

在上一节中，我们主要探讨了“液化”滤镜在人像调整中对身体体态的应用。实际上，这些工具同样适用于五官的调整。滤镜中提供了专门针对面部调整的优化工具，例如，在右侧的菜单栏中，可以展开“人脸识别液化”的选项分类，这里包含了许多可以直接对人物面部进行调整的参数。图6-81 展示了原始图像，图6-82 所示为“液化”对话框，而图6-83 则展示了应用“人脸识别液化”后的效果。

图6-81

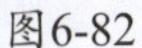

图6-82

图6-83

6.5 Camera Raw滤镜

作为一款功能强大的 RAW 图像编辑软件，Camera Raw 不仅能处理 Raw 文件，同样也能对 JPG 文件进行编辑。Camera Raw 专注于数码照片的修饰与调色，其特点在于能够在不破坏原图的基础上，实现批量、高效、专业且快速的照片处理。

6.5.1 Camera Raw工作界面

在 Photoshop 中，当打开一张 RAW 格式的照片时，Camera Raw 会自动启动。对于其他格式的图像，需要执行“滤镜”→“Camera Raw 滤镜”命令来手动打开 Camera Raw。Camera Raw 的工作界面如图6-84 所示。

图6-84

若直接在 Camera Raw 中打开文件，并对参数进行调整。单击“打开对象”按钮，即可在 Photoshop 中打开该文件。若是通过执行“滤镜”→“Camera Raw 滤镜”命令打开的文件，则需要在界面右下角单击“确定”按钮以完成操作，如图6-85 所示。

图6-85

延伸讲解：在数码单反相机的照片存储设置中，可以选择保存为JPG或RAW格式。值得注意的是，即使在拍摄时选择了RAW格式，最终文件的扩展名并非一定是.raw。例如，图6-86 展示的是由佳能数码相机拍摄的RAW文件。事实上，.raw并非一种特定的图像格式后缀名。更确切地说，RAW并非图像文件，而是一个数据包，它包含了将照片转换为可见图像之前的一系列原始数据信息。

图6-86

6.5.2　Camera Raw工具栏

Camera Raw 工作界面右侧的工具栏提供了多种常用工具，这些工具专门用于对画面的局部进行处理。为了方便查看和使用这些工具，将工具栏进行了旋转，旋转后的显示效果如图6-87 所示。

图6-87

6.5.3　图像调整选项卡

在 Camera Raw 工作界面的右侧，汇聚了大量的图像调整参数。这些参数被有条理地划分为多个组，并以“选项卡”的形式直观展示在界面上。与常见的文字标签式选项卡不同，这里的选项卡是以按钮的形式呈现的。用户只需单击相应的按钮，即可轻松切换到所需的选项卡，操作便捷直观，如图6-88 所示。

图6-88

主要选项卡使用方法如下。

- “亮”选项卡：用于调整图像的曝光度和对比度等。
- “颜色”选项卡：用于调整图像的白平衡，确保色彩真实还原。

- “效果”选项卡：为图像添加或去除杂色，还能用于制作晕影暗角特效，增强照片的氛围感。
- “曲线”选项卡：提供对图像亮度、阴影等细节的全面调节，满足更精细的编辑需求。
- “混色器”选项卡：允许对颜色进行色相、饱和度、明度等精确设置，实现色彩的个性化调整。
- “颜色分级”选项卡：能够分别对中间调区域、高光区域和阴影区域进行色相和饱和度的独立调整，使色彩层次更丰富。
- “细节”选项卡：专注于图像的锐化和杂色减少，让照片更加清晰细腻。
- “光学”选项卡：用于消除因镜头原因导致的图像缺陷，例如扭曲、晕影和紫边等，提升照片的整体质量。
- “校准”选项卡：由于不同相机具有独特的颜色和色调调整设置，拍摄出的照片颜色可能存在微小偏差。在此选项卡中，可以针对这些色偏问题进行精确校正，确保照片色彩的准确性。

6.5.4 实战：使用Camera Raw滤镜

通过 Camera Raw 滤镜可以有效地校正图像色偏，本例演示 Camera Raw 滤镜的使用方法。

01 启动Photoshop，按快捷键Ctrl+O，打开相关素材中的“文艺美女.jpg”文件，效果如图6-89 所示。

02 执行“滤镜”→“Camera Raw滤镜”命令，打开Camera Raw工作界面，如图6-90 所示。

图6-89

图6-90

03 在“颜色”与“亮”选项卡中，调整图像的基本色调与颜色品质，如图6-91 所示，调整后的图像效果如图6-92 所示。

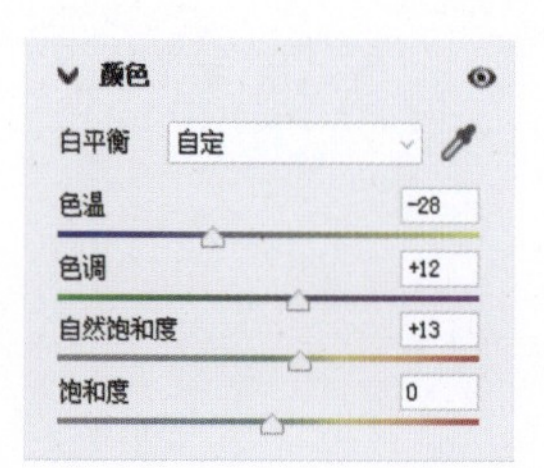

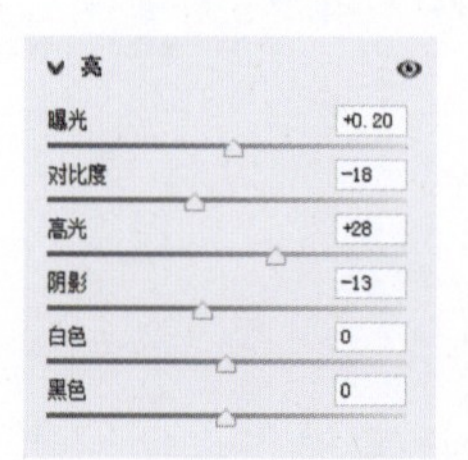

图6-91

图6-92

04 展开“混色器”选项卡，在其中分别调整图像的“色相”“饱和度”和“明度”参数，如图6-93所示。

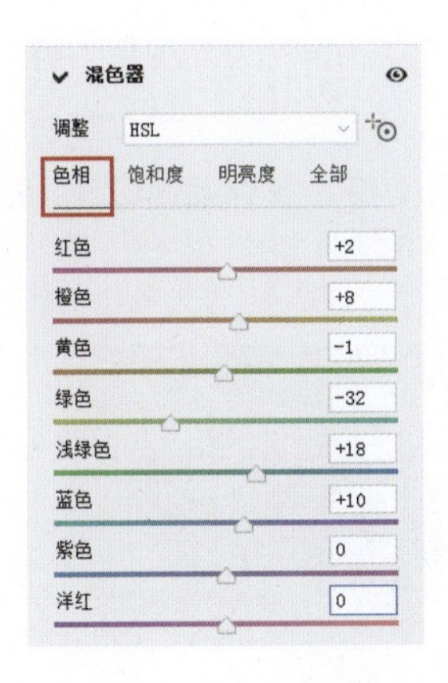

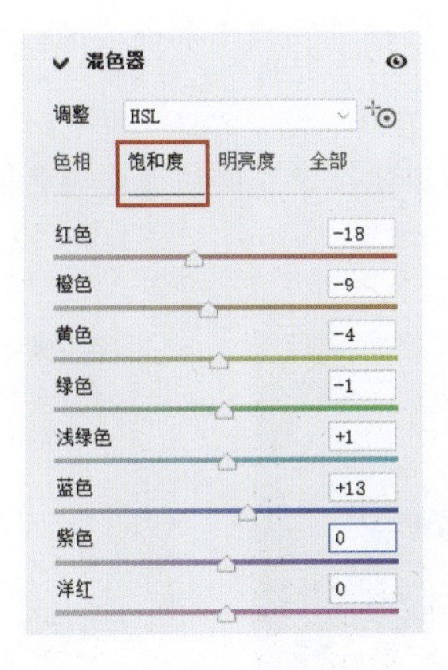

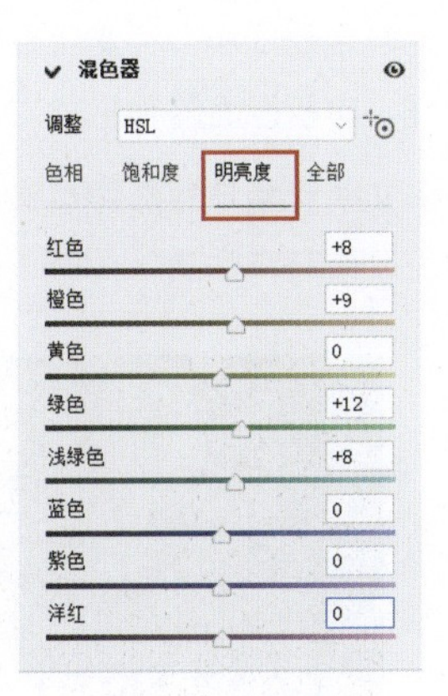

图6-93

05 展开“效果”选项卡，在其中调整“颗粒”参数，如图6-94所示。

06 完成上述设置后，单击“确定”按钮保存操作，最终图像效果如图6-95所示。

效果
纹理 0
清晰度 +32
去除薄雾 +10
晕影 -5
颗粒 25

图6-94

图6-95

6.6 综合实战：墨池荷香

本例将通过一系列调整，将一张荷花图像转变为水墨风格的效果，如图6-96所示。

本实战案例的制作要点如下。

- 导入荷花素材后，先调整阴影与高光平衡，再应用黑白效果以增强画面的对比度。接着，提取背景部分并反相处理，使其变为纯白色。
- 利用混合模式和多种滤镜效果，巧妙地创建出素描风格的图像。在此基础上，添加喷溅效果和纹理化处理，丰富画面的视觉层次。
- 融入文字元素与矩形背景框，通过精细调整照片滤镜与色阶参数，完善整体画面设计，呈现出独特的水墨风格荷花作品。

图6-96

第7章

AI 绘图与智能填充：释放你的创意潜力

本章将详尽介绍 Photoshop 2025 与 Adobe Firefly 所搭载的 AI 工具，深入阐述如何利用这些智能化工具实现操作的高效化，以便迅速达到预期效果，并且摆脱冗长复杂的传统操作流程。我们将重点探讨 AI 工具的核心功能，以及它们的具体操作方式，旨在协助大家充分挖掘并应用这些工具的潜在能力。

7.1 AI功能快速上手

在 Photoshop 2025 中，新增的“上下文任务栏”功能极大地提升了操作效率。在操作过程中，它能迅速为用户的下一步操作提供更多样化的选择。例如，可以通过文本命令的形式轻松添加或移除图像中的元素，甚至实现图像的延伸和拓展等智能化操作。这一创新功能显著优化了图像处理流程，使用户能够更高效地达到预期效果。

7.1.1 基本操作

本节以案例的形式讲解 Photoshop 中 AI 功能的基本操作，具体的操作步骤如下。

01 打开Photoshop 2025，执行“文件”→“新建”命令，新建一个空白文档，此时，上下文任务栏会显示在界面中，如图7-1所示。

02 执行“文件”→“打开”命令，打开一个图像文件，此时，上下文任务栏会显示在界面中，如图7-2所示，若没有出现，则执行“窗口”→“上下文任务栏”命令将其显示出来。

图7-1

图7-2

03 当选中文字工具并且在画布上绘制文本框时，上下文任务栏会显示在界面中，如图7-3所示。

04 建立选区时，上下文任务栏会显示在界面中，如图7-4所示。

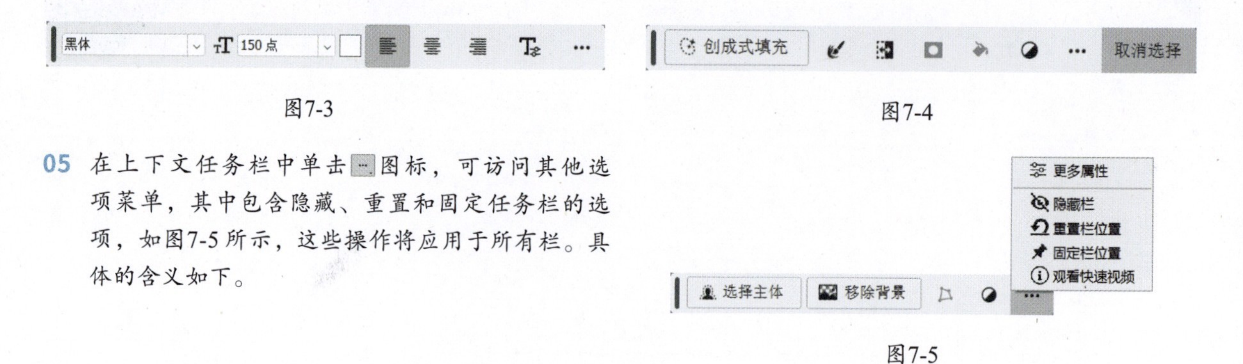

图7-3

图7-4

05 在上下文任务栏中单击···图标，可访问其他选项菜单，其中包含隐藏、重置和固定任务栏的选项，如图7-5所示，这些操作将应用于所有栏。具体的含义如下。

图7-5

- 隐藏栏：若希望从屏幕中移除所有的上下文任务栏，只需简单操作便可实现，且随时可以通过执行“窗口”→“上下文任务栏”命令重新打开它们。
- 重置栏位置：若想要将上下文任务栏恢复到其默认位置时，选择此选项即可轻松实现。

- 固定栏位置：通过此选项，可以将上下文任务栏固定在当前位置，确保它们不会因误操作而移动，直到选择取消固定。

7.1.2　实战：生成图片——快速生成图像

借助“生成图像”功能，可以轻松构思并打造出全新的资源。在短短几分钟内，该功能便能迅速生成数十种富有创意的构思，同时还能将多张图像巧妙地融合，创造出多样化且新颖的设计素材。具体的操作步骤如下。

01 启动Photoshop 2025，执行“文件”→“新建”命令，新建一个空白文档，如图7-6所示。

02 执行“窗口”→“上下文任务栏”命令，单击其中的“生成图像”按钮，如图7-7所示。

图7-6

图7-7

03 在弹出的“生成图像”对话框中输入描述文字：“逼真的火烈鸟，泳池中有它们的倒影，黄色的中世纪房子，背景是山脉”，“内容类型”选择“照片”，单击“生成”按钮即可生成图片，如图7-8所示。生成的效果如图7-9所示。

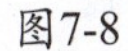

图7-8

图7-9

在“生成图像”对话框中，可以自主选择“效果”和“样式”来作为生成图片的参考风格。在“效果”选项中，提供了丰富多样的效果，如图7-10所示。而在“样式”选项中，既可以选择现成的样式参考图，也可以上传图像，并从这些参考图像中匹配相应的样式，如图7-11所示。这样的设计使图片生成更加灵活与个性化，满足不同的创作需求。

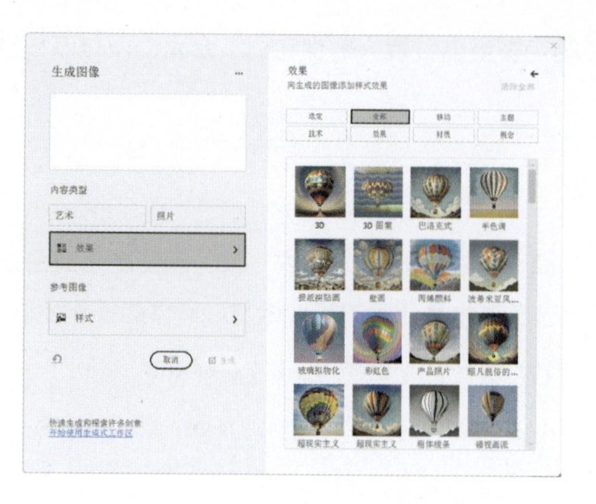

图7-10

图7-11

7.1.3 实战：生成物体——无中生有创造新物体

通过运用上下文任务栏中的“创成式填充”指令，能够轻松地在画面中增添所需的内容，从而极大地提升了图像处理的便捷性和效率。具体的操作步骤如下。

01 启动Photoshop 2025，按快捷键Ctrl+O，打开相关素材中的“红房子”文件，如图7-12所示。

图7-12

02 使用“矩形选框工具”⬚框选画面，如图7-13所示，单击上下文任务栏中的“创成式填充”按钮，输入“一棵大树”后，单击“生成”按钮，生成的图像如图7-14所示。

图7-13

图7-14

03 再使用“矩形选框工具”⬚框选出草地部分，如图7-15所示，单击上下文任务栏中的“创成式填充”按钮，输入“一群吃草的小羊”后单击“生成”按钮，生成的图像如图7-16所示。

图7-15

图7-16

小技巧：使用“创成式填充”指令时，若初次生成的效果图未能满足预期，可以多次单击“生成”按钮以获取更多选项。每次单击都会生成3幅新图，并自动记录在右侧区域，供随时切换查看，如图7-17 所示。这样的设计确保了用户能够找到最满意的效果。

图7-17

7.1.4 实战：生成相似物体

1. 相似物体

无须借助其他文本提示，便能迅速生成符合个人偏好的图像变化形式，具体的操作步骤如下。

01 启动Photoshop 2025，按快捷键Ctrl+O，打开相关素材文件，如图7-18 所示。

02 执行“窗口”→“上下文任务栏”命令，单击上下文任务栏中的“创成式填充”按钮，在文本框中输入描述词“葡萄叶子”后单击“生成”按钮，即可生成相应画面，如图7-19 所示。

图7-18

图7-19

03 若要生成更多与偏好变化形式相似的内容，单击缩览图右上角的…图标，然后在弹出的菜单中选择“生成类似内容”选项。

此外，还可以使用参考图像功能，以更精确地掌控生成式 AI 所产出的结果。只需上传期望的图像，系统便能生成风格相似的图像，如图7-20 所示。具体的操作步骤如下。

图7-20

01 启动Photoshop 2025，按快捷键Ctrl+O，打开相关素材文件，如图7-21 所示。

02 找到一张参考素材图片，如图7-22 所示。

图7-21

图7-22

03 使用“套索工具”将图像中的书包部分框选，如图7-23 所示。

04 执行“窗口”→“上下文任务栏”命令，单击上下文任务栏中的“创成式填充”按钮，如图7-24 所示。

图7-23

图7-24

05 在“创成式填充”中单击“参考图像”按钮，上传参考图像，并输入描述词，如图7-25所示。

06 单击“生成”按钮生成图片，如图7-26所示。

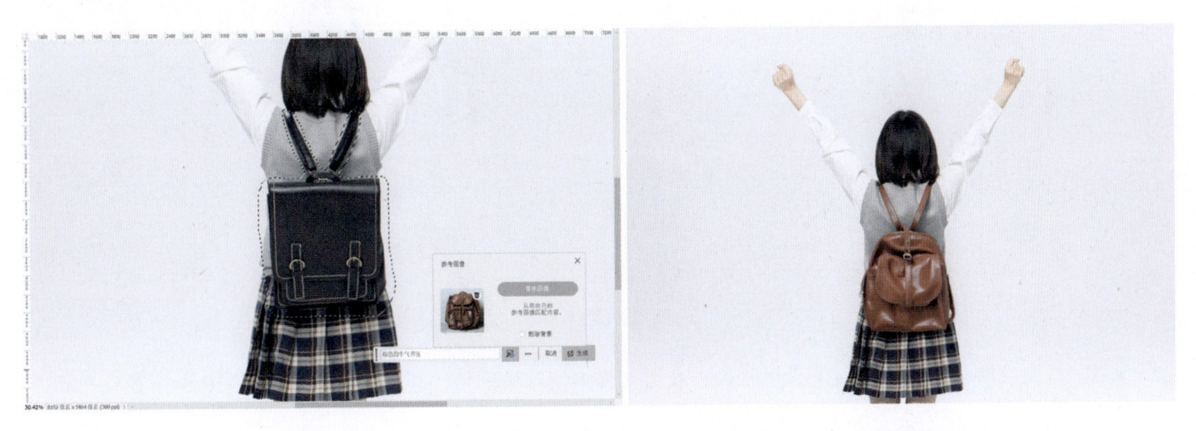

图7-25　　图7-26

2. 相似图片

可以通过上传参考图片，将其作为样式匹配的依据，进而生成与参考图片风格高度相似的作品。这一操作方式能够实现风格统一的图片创作，满足用户对美学和创意的追求。操作步骤如下。

在“生成图像”面板中，还可以通过添加参考样式生成相似风格的图片，例如在文本框中输入“香蕉为主体，旁边还有葡萄、苹果、樱桃都装在一个白色的盘子里”描述词，选择“艺术”选项，在“样式参考”选项区域添加参考图像，即可生成相似的图像。设置参数如图7-27所示，生产的效果如图7-28所示。

图7-27

图7-28

7.1.5 实战：生成背景

通过上下文任务栏，可以直接创建与主体光照、阴影以及透视完美匹配的背景，使画面更加和谐统一。具体的操作步骤如下。

01 启动Photoshop 2025，按快捷键Ctrl+O，打开相关素材文件，如图7-29所示。

02 在上下文任务栏中单击“移除背景”按钮，移除效果如图7-30所示。

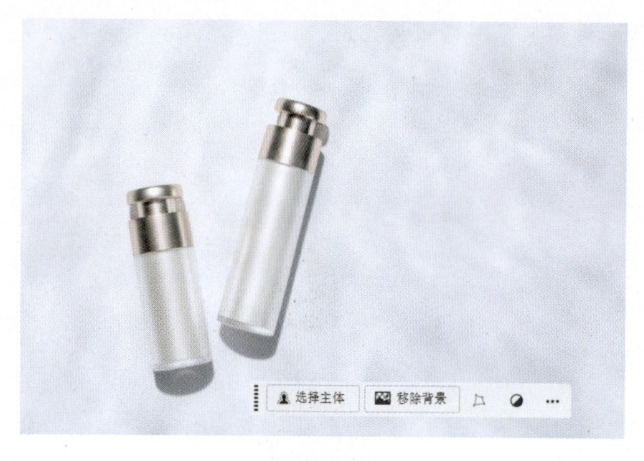

图7-29

图7-30

03 单击上下文任务栏中的“生成背景”按钮，在文本框中输入描述词：“水波纹、小雏菊”，如图7-31所示。

04 单击“生成”按钮，生成的图片如图7-32所示。

图7-31

图7-32

7.1.6 实战：过中秋

利用“创成式填充”功能，可以轻松地为餐桌增添各种物品，例如茶壶、茶杯和水果盘等。此外，若发现桌子空间不足，还可以通过扩展图像背景的方式来增加餐桌的宽度，从而打造更加宽敞舒适的用餐环境。具体的操作步骤如下。

01 启动Photoshop 2025，按快捷键Ctrl+O，打开相关素材中的“餐桌.jpg”文件，如图7-33所示。

02 选择“矩形选框工具”⬚，绘制矩形选框指定填充区域，如图7-34所示。

03 在上下文任务栏中单击“创成式填充”按钮，输入“中国茶壶”，如图7-35所示。单击“生成”按钮，等待系统生成填充结果。

04 在“属性”面板中选择最合适的填充结果，如图7-36所示。添加茶壶后的餐桌如图7-37所示。

05 选择“矩形选框工具”⬚，定义矩形选框指定填充区域，如图7-38所示。

图7-33

图7-34

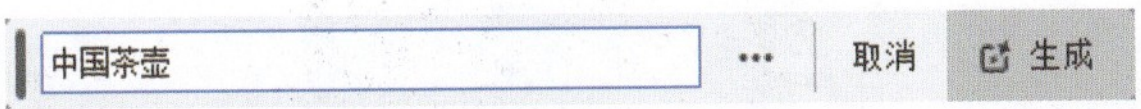

中国茶壶　···　取消　生成

图7-35

图7-36

图7-37

图7-38

06 在上下文任务栏中输入“茶杯”，如图7-39所示。

07 单击“生成”按钮，生成茶杯图像的结果如图7-40所示。

08 选择“矩形选框工具”⬚，定义矩形选框指定填充区域，如图7-41所示。

09 在上下文任务栏中输入“茶杯”，单击“生成”按钮，生成茶杯图像的结果如图7-42所示。

茶杯 ··· 取消 生成

图7-39

图7-40

图7-41

图7-42

10 选择“裁剪工具”，向左拖动裁剪框，扩展画布宽度，如图7-43所示。

11 选择“矩形选框工具”，在图像的右侧绘制矩形选框，框选一部分背景内容，如图7-44所示。

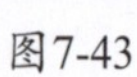

图7-43

图7-44

12 在上下文任务栏中依次单击“创成式填充”和“生成”按钮，等待系统填充背景，如图7-45所示。填充结果如图7-46所示。

图7-45

图7-46

13 利用“矩形选框工具”⬚，在桌子图像的左侧绘制选框，如图7-47所示。

14 在上下文任务栏中输入“水果盘”，如图7-48所示。单击“生成”按钮，稍等一会儿即可完成填充。

图7-47

水果盘　…　取消　生成

图7-48

15 在“属性”面板中选择合适的果盘，如图7-49所示。最终结果如图7-50所示。

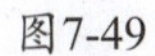

图7-49

图7-50

7.2 AI绘图与图像编辑

本节将深入阐述 Photoshop 中 AI 功能的实际操作与应用方法，帮助大家充分掌握并运用这些 AI 工具。

7.2.1 实战：扩展图像

利用“创成式填充”功能，能够轻松扩充图像的背景，进而拓宽图像的视野，呈现更加开阔的画面效果。具体的操作步骤如下。

01 启动Photoshop，按快捷键Ctrl+O，打开相关素材文件，效果如图7-51所示。

02 选择“裁剪工具”，将鼠标指针置于裁剪框的右侧，按住左键并向左拖动，增加画布的宽度，如图7-52所示。

图7-51

图7-52

03 选择“矩形选框工具”，在图像的左侧绘制选框，需要框选一部分图像内容，如图7-53所示。

04 在上下文任务栏中单击“创成式填充”按钮，如图7-54所示。

图7-53

图7-54

05 不输入任何内容，直接单击“生成”按钮，显示填充进度栏。稍等片刻，即可将背景扩充至指定区域，如图7-55所示。

图7-55

06 如果对当前的填充效果不满意，可以在“属性”面板中选择其他样式，如图7-56所示。

07 利用“裁剪工具”，增加画布高度，并绘制矩形选框，如图7-57所示。

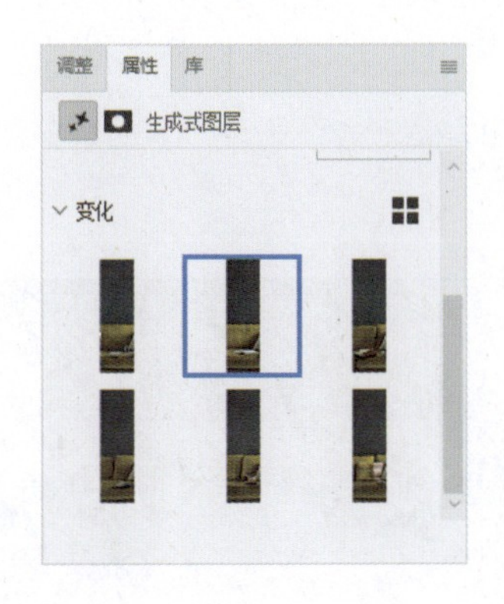

图7-56

图7-57

08 在上下文任务栏中依次单击“创成式填充”和“生成”按钮，扩充天空背景，如图7-58所示。

09 选择“裁剪工具”，向右增加画布宽度，并使用“矩形选框工具”指定填充区域，如图7-59所示。扩充图像右侧背景，效果如图7-60所示。

图7-58

图7-59

10 在“图层”面板中显示3个生成式图层，记录填充历史，如图7-61所示。

图7-60

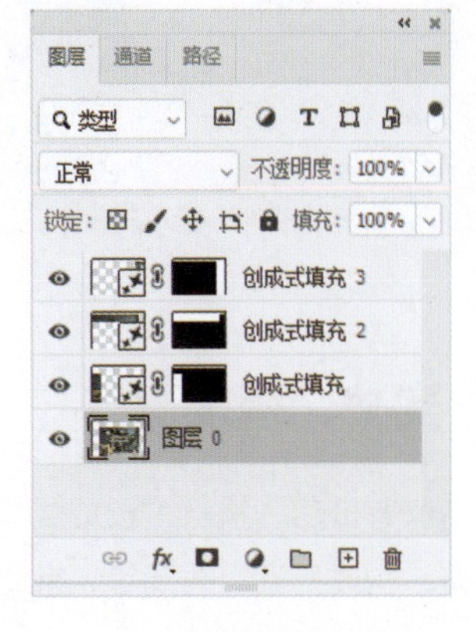

图7-61

7.2.2 实战：人物换装

在图像上创建选区后，可以在上下文任务栏中输入中文描述来指定填充内容，系统会根据这些提示文字来执行生成操作，从而轻松实现您的创意需求。具体的操作步骤如下。

01 启动Photoshop，按快捷键Ctrl+O，打开相关素材文件，效果如图7-62所示。选择“多边形套索工具”，在图像上创建选区，指定填充范围，如图7-63所示。

图7-62

图7-63

02 在上下文任务栏中单击“创成式填充”按钮，接着输入“黄色的连衣裙”，单击“生成”按钮即可，如图7-64所示。稍等片刻，查看生成结果，如图7-65所示。

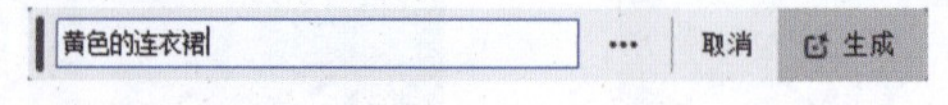

图7-64

03 如果对填充结果不满意，在“属性”面板中选择任意生成结果，单击右上角的“生成”按钮，系统会再次执行生成操作，显示3款连衣裙供用户选择。可以多次执行生成操作，在得到的结果里择优选取，如图7-66所示。选择合适的结果，按快捷键Ctrl+D取消选区，效果如图7-67所示。

图7-65

图7-66

图7-67

7.2.3 实战：替换背景

选择图像背景后，执行“创成式填充”操作，即可轻松更换背景。在此过程中，只需输入相关的关键词，如场景类型、构成元素、时间等，系统便会根据这些设定智能生成所需的背景。

01 启动Photoshop，按快捷键Ctrl+O，打开相关素材文件，效果如图7-68所示。

02 单击上下文任务栏中的“选择主体”按钮，稍等片刻，选择图像中的猫，如图7-69 所示。

03 按快捷键Ctrl+Shift+I，反选选区，此时选择背景区域，如图7-70 所示。

图7-68

图7-69

图7-70

04 在上下文任务栏中单击“创成式填充”按钮，并输入“宠物房间”，如图7-71 所示。

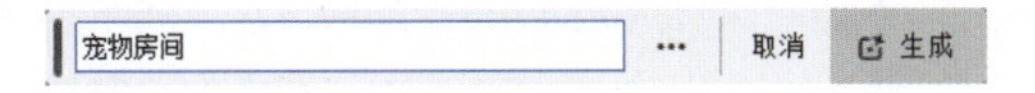

图7-71

05 单击“生成”按钮，在“属性”面板中选择适用的背景，如图7-72 所示。更换背景的结果如图7-73 所示。

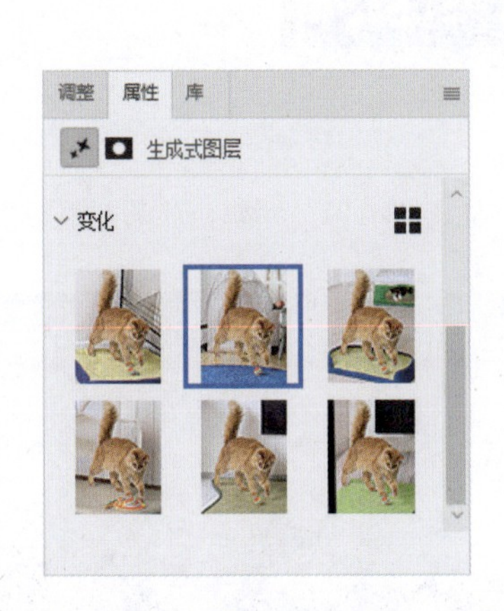

图7-72

图7-73

06 输入其他关键词，如输入“办公桌”，选择合适的场景，如图7-74 所示，得到的效果如图7-75 所示。

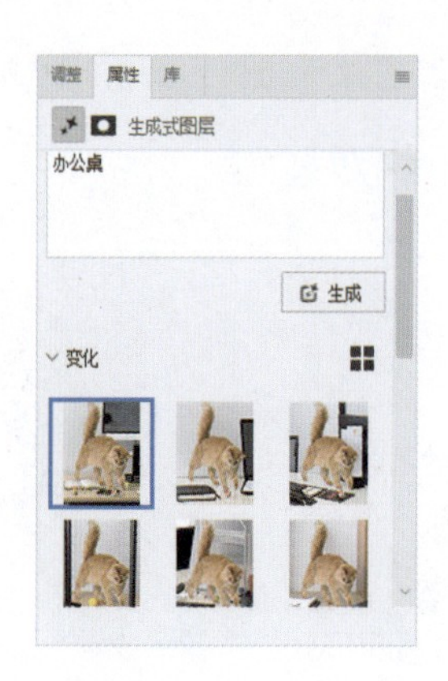

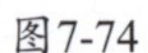

图7-74

图7-75

7.2.4 实战：照片修复

借助上下文任务栏，能够便捷地对损坏的老照片进行画面修复。此外，通过Neural Filters中的“着色”功能，还可以精准地还原照片画面的色彩，使其焕发新生。具体的操作步骤如下。

01 启动Photoshop 2025，按快捷键Ctrl+O，打开相关素材文件，如图7-76所示。

02 执行“滤镜”→Neural Filters命令。进入Neural Filters界面，在“所有筛选器”列表中选择“照片恢复”选项。将右侧的“照片强度”“增强脸部”和“减少划痕”滑块向右拖动，在“输出”列表中选择“智能滤镜”选项，如图7-77所示。

图7-76

图7-77

03 在“所有筛选器”列表中选择“着色”选项，如图7-78所示。单击“确定”按钮，效果如图7-79所示。

图7-78

图7-79

04 使用“套索工具”，将图像下半部分残缺部分选中，如图7-80所示。

05 在上下文任务栏中单击“创成式填充”按钮，输入“衣服，手”，单击“生成”按钮，等待系统生成填充结果，如图7-81所示。

图7-80

图7-81

06 使用“套索工具”，将图像右侧选中，如图7-82所示。

07 在上下文任务栏中单击“创成式填充”按钮，输入“房间背景”，如图7-83所示。单击“生成”按钮，等待系统生成填充结果。

图7-82

图7-83

08 使用“修补工具”，将图像左上角修补，如图7-84所示。

图7-84

09 单击“图层”面板下方的“创建新的填充或调整图层”按钮，在弹出的菜单中选择“曲线”“色阶”和“自然饱和度”命令，调整参数，如图7-85所示。最终效果如图7-86所示。

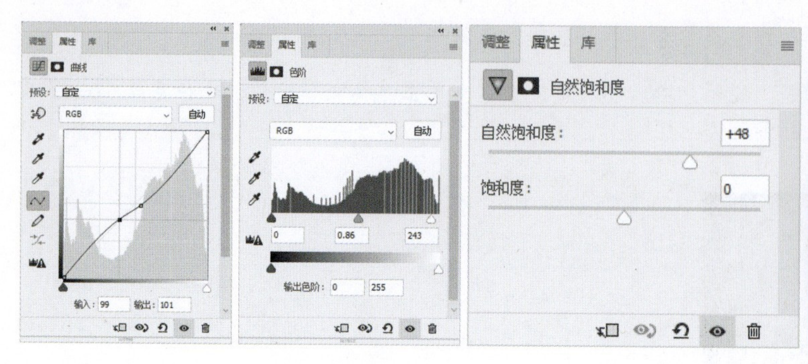

图7-85

图7-86

7.3 Adobe Firefly

Adobe Firefly 是一款独立的 Web 应用程序，用户可以通过访问 firefly.adobe.com 来使用。该程序不仅为人们构思、创作和交流提供了新的方式，而且通过运用生成式 AI 技术，极大地优化了创意工作的流程。除了 Firefly 网站，Adobe 还推出了一系列广泛的 Firefly 创意生成式 AI 模型。同时，Adobe 的旗舰应用程序和 Adobe Stock 也集成了由 Firefly 支持的各种功能。

如图7-87 所示，在 Adobe Firefly 的“图库”面板（Library Panel）中，用户可以方便地管理和保存通过生成式 AI 所创建的内容。这一功能具备以下主要用途。

图7-87

- 内容保存与管理：用户能够将生成的图像、视频或设计保存至Creative Cloud Libraries中，从而轻松实现跨设备的访问与管理。这意味着，无论是在Firefly内，还是在其他Adobe软件中（例如Photoshop或Illustrator），用户均可随时调用这些素材。
- 作品分享：库内的内容支持直接分享给团队或社区，便于进行协作。同时，Firefly与Adobe Creative Cloud的无缝整合，使创意团队能够更高效地共享素材资源。

- 灵感素材浏览：用户可以浏览Firefly提供的预设灵感图片库，这些图片作为示例作品，能够为用户的创作提供有益的启发，且不会消耗用户的生成式AI使用配额。
- 内容控制与编辑：用户可以直接从图库中打开所需内容进行二次编辑，例如调整样式或扩展内容，以确保创作过程的灵活多变。

通过图库面板，Adobe Firefly 为创作者们提供了一个集中式的资源管理工具，从而大幅提升了工作流的效率以及跨平台的协作能力。

在 Adobe Firefly 中，“收藏夹”面板的功能是协助用户迅速访问那些他们标记为重要或作为灵感来源的生成内容或参考素材，如图7-88 所示。它的主要用途如下。

图7-88

- 保存关键作品：可以将生成的图像、效果或其他创意作品加入收藏夹，以便之后迅速查找和参考。这对于重复使用或进一步优化这些内容尤为有益。
- 灵感管理：在灵感流中看到的示例作品（例如特定风格或构图）可以添加到收藏夹中，便于在未来创作中借鉴或调整。
- 快速整理和访问：“收藏夹”面板提供了一个专门的区域，用于集中存放需要优先查看或使用的内容，从而避免了每次都要从图库中搜索的麻烦。
- 跨项目协作：在团队合作中，收藏夹里的内容可导出或分享给其他创作者，为整个团队提供统一的参考和指导方向。

借助“收藏夹”面板，Adobe Firefly 帮助用户高效地管理灵感和创作素材，从而增强了创意工作的连贯性和效率。

7.3.1　实战：文字生成图像

Adobe Firefly 的“文字生成图像”功能是一项强大的生成式 AI 工具，它使用户能够通过简单的文本描述，快速生成个性化的定制图像。该功能融合了创新的 AI 技术，可广泛应用于各类创意工作流程中。具体的操作步骤如下。

01 通过 firefly.adobe.com 进入操作界面，单击“文字生成图像”按钮，如图7-89 所示。

02 进入如图7-90 所示的界面中，在提示框中输入要生成图像的描述词。

图7-89

图7-90

03 在其中能够看到一些生成的图像，将鼠标指针放置在图片上，将会显示该图像的描述词和“查看”按钮，如图7-91所示。

04 单击“查看”按钮后，进入如图7-92所示的界面中，可查看图片生成的描述词和具体参数供参考。

图7-91

图7-92

05 在提示框中输入以下内容：“一座古色古香的冬季村庄，屋顶上铺着厚厚的白雪，温暖的光芒透过窗户洒向屋内，树木上还残留着秋天的树叶，点缀其间。画面中，鹅卵石铺成的街道蜿蜒伸展，通向一座座小巧的房屋，这些房屋装饰着大型彩色玻璃窗，别具一格。背景中，一座古老的教堂尖塔巍然耸立，直插夜空。一条小路在纷飞的雪花中蜿蜒通向它。这幅画作以印象派的大胆笔触，捕捉了新英格兰圣诞节那独有的舒适与魅力。”如图7-93所示。生成的4张图片，如图7-94所示。

图7-93

图7-94

06 单击任意图片即可将其放大查看。在放大的模式下，可以对图片进行进一步的编辑与优化，包括调整细节、修改特定区域或放大图片尺寸，以满足更高分辨率的需求。

07 单击其中一张图片进行放大，在其中能够进行修改和放大图片，如图7-95所示。生成的效果如图7-96所示。

图7-95

图7-96

在界面的左侧会出现调整参数，可以通过以下参数优化生成的图像，如图7-97所示。主要参数含义如下。

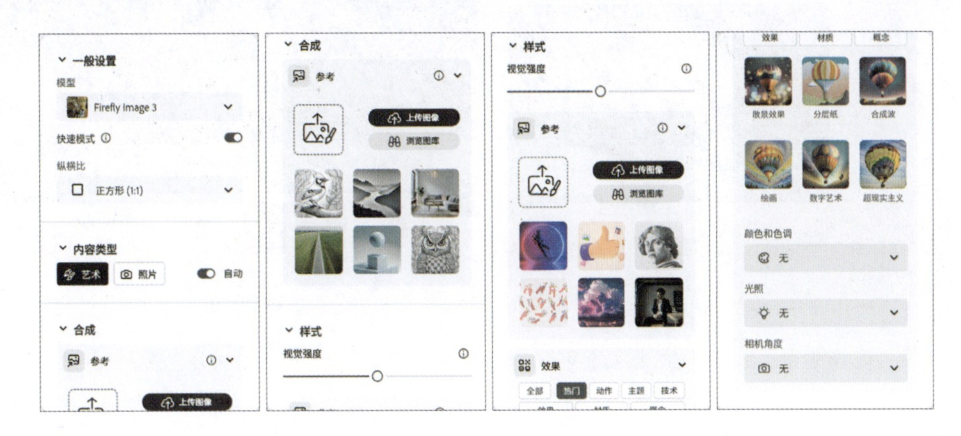

图7-97

- 纵横比：自定义图像的宽高比，如 16:9、1:1 等。
- 合成：用于定义图像的构图和布局。
- 样式：用于为图像应用特定的艺术风格或视觉表现形式。
- 效果：为图像应用特定风格效果。

7.3.2　实战：生成式填充

用户能够借助文字描述来对图片进行编辑，例如添加、替换或删除某些元素，这一功能在修饰照片或创造全新场景时显得尤为实用。具体的操作步骤如下。

01 通过 firefly.adobe.com 进入操作界面，单击“生成式填充”按钮，如图7-98所示。

02 进入如图7-99所示的界面，上传需要扩展的图像。

03 上传一张图片，如图7-100所示，单击界面左侧的“插入”按钮，在图片下方进行涂抹，在提示框中输入“苹果”描述词。

图7-98

图7-99

04 单击“生成”按钮，即可生成3张图片，如图7-101所示，选择一张满意的图片，单击“保留”确定，若未得到满意的效果，可单击“取消”按钮重新生成。

图7-100

保留
取消
更多

图7-101

05 单击下方的“选择背景”按钮，快速去除背景，在提示中输入“动物园，假山背景”描述词，如图7-102所示。

06 单击“生成”按钮，生成的图像效果如图7-103所示。

图7-102

图7-103

07 在界面左侧单击“删除”按钮，涂抹竹子部分后，单击“删除”按钮，如图7-104所示。删除后的效果如图7-105所示。

图7-104

图7-105

08 单击界面左侧的“扩展”按钮，对图片进行扩展填充，如图7-106所示。

图7-106

09 单击下方的“正方形（1:1）”按钮，即可将图像扩展为正方形，如图7-107所示。在此过程中，可以选择输入关键词优化生成效果，或者直接生成默认扩展图像，以实现更灵活的图像调整需求。

10 单击“生成”按钮，生成3幅图像，如图7-108所示。扩展的效果如图7-109所示。

图7-107

图7-108

图7-109

7.3.3 实战：模板生成

“模板生成”功能强大，只需通过简洁的文字描述，便能迅速生成可编辑的设计模板。这一特性使其广泛适用于多种设计场景，如海报制作、卡片设计以及社交媒体图文编排等，满足不同用户的设计需求。

01 通过 firefly.adobe.com 进入操作界面，单击“生成模板”按钮，如图7-110所示。

02 进入如图7-111所示的界面，上传需要制作图像。

图7-110

图7-111

03 在其中还能生成各种类型的范本，如图7-112所示，可根据需要进行选择。

04 选择“海报”选项，上传一张素材图片，如图7-113所示。

图7-112

图7-113

05 在提示框中输入想要的设计风格或主题：fun bake sale（有趣的烘焙义卖）。描述越详细，生成结果越符合需求，如图7-114 所示。

06 单击右侧的“生成”按钮，即可生成4张模板海报，如图7-115 所示。

图7-114

图7-115

07 选择一张满意的模板，如图7-116 所示。

08 单击进入“调整”面板，如图7-117 所示，选择喜欢的模板后，可以根据需求修改文字、图片、字体、颜色等元素。模板支持自由调整，确保符合品牌或个人偏好。

图7-116

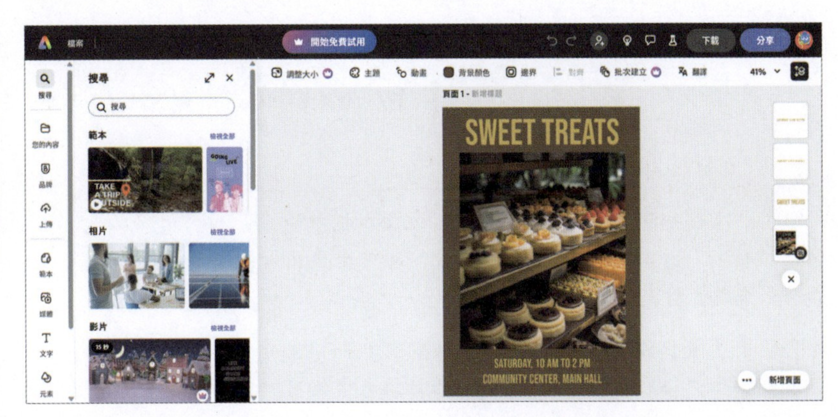

图7-117

7.3.4 实战：矢量生成

“矢量生成”功能非常强大，能够通过文本提示直接产出可编辑的矢量图形。这一功能对于创建高分辨率、可无限缩放的插图和设计素材来说，是极为适合的。但请注意，如图7-118 所示，在使用 firefly.adobe.com 网页版时，并不能直接生成矢量图，而是需要在 Adobe Illustrator 中进行进一步的编辑和生成操作。

图7-118

在 Adobe Illustrator 中，执行“窗口”→“上下文任务栏”命令，画布上便会显示上下文任务栏。通过它，可以一键访问到最常用的后续操作，从而迅速完成接下来的步骤，如图7-119 所示。

图7-119

上下文任务栏会根据选择的对象，显示最相关的后续操作，这样能更快速地实现创意目标，并探索有趣的工作流程。值得一提的是，这个功能的使用方式和设计，与 Photoshop 中的上下文任务栏非常相似。具体的操作步骤如下。

01 启动Illustrator 2025，单击“新文件”按钮，弹出“新建文档”对话框，设置参数并创建文档。

02 工具箱中选中“矩形工具”▢，创建一个矩形，以定义生成图形的大小，如图7-120所示。

03 执行“窗口”→“上下文任务栏”命令，调出上下文任务栏，如图7-121所示。

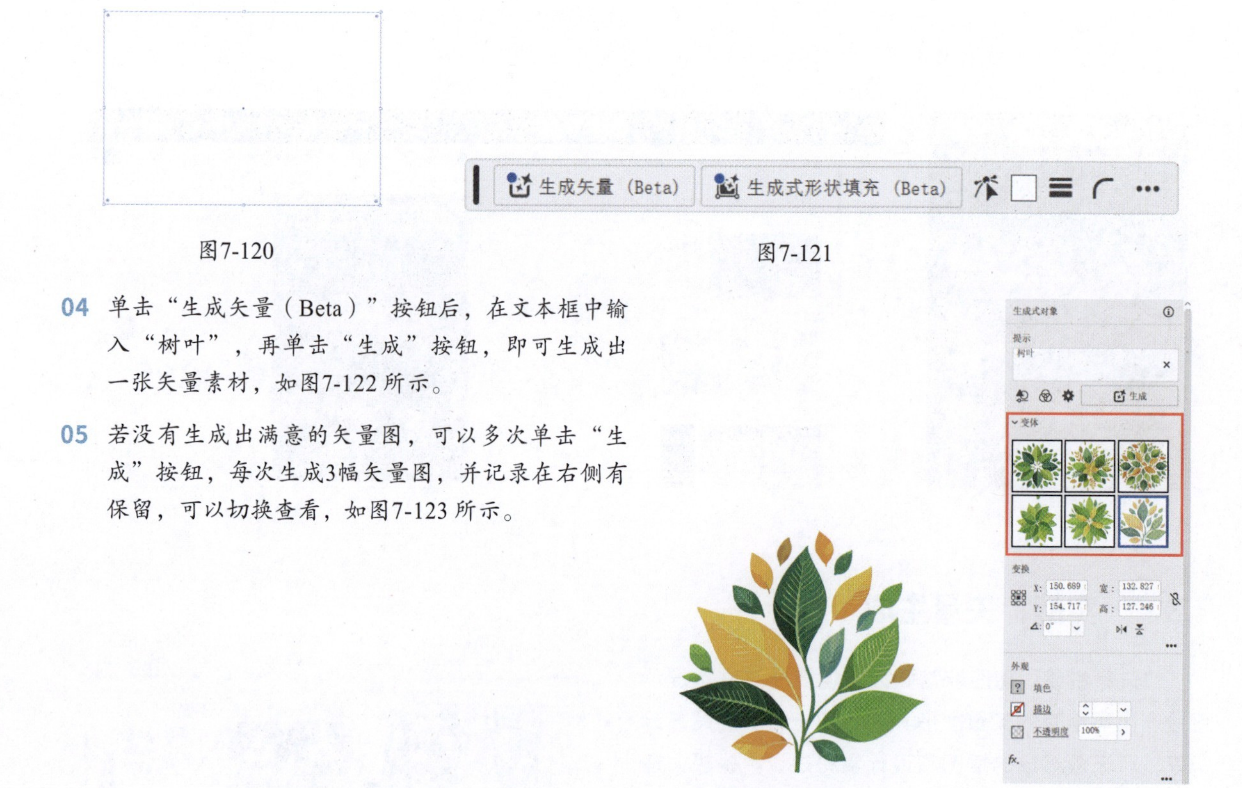

图7-120

图7-121

04 单击“生成矢量（Beta）”按钮后，在文本框中输入“树叶”，再单击“生成”按钮，即可生成出一张矢量素材，如图7-122所示。

05 若没有生成出满意的矢量图，可以多次单击“生成”按钮，每次生成3幅矢量图，并记录在右侧有保留，可以切换查看，如图7-123所示。

图7-122

图7-123

7.3.5 实战：重新着色

“重新着色”功能非常实用，能让用户对已有的矢量作品通过 AI 技术重新定义配色方案，从而实现配色风格的快速转换。如图7-124所示，虽然在使用 firefly.adobe.com 网页版时无法直接进行生成式的重新着色，但可以在 Adobe Illustrator 中进行进一步的编辑操作，以达到理想的配色效果。

图7-124

01　在上下文任务栏中生成矢量图形，会出现“重新着色”和“取消编组”选项，可以根据设计需要进行调整该矢量图形，如图7-125所示。

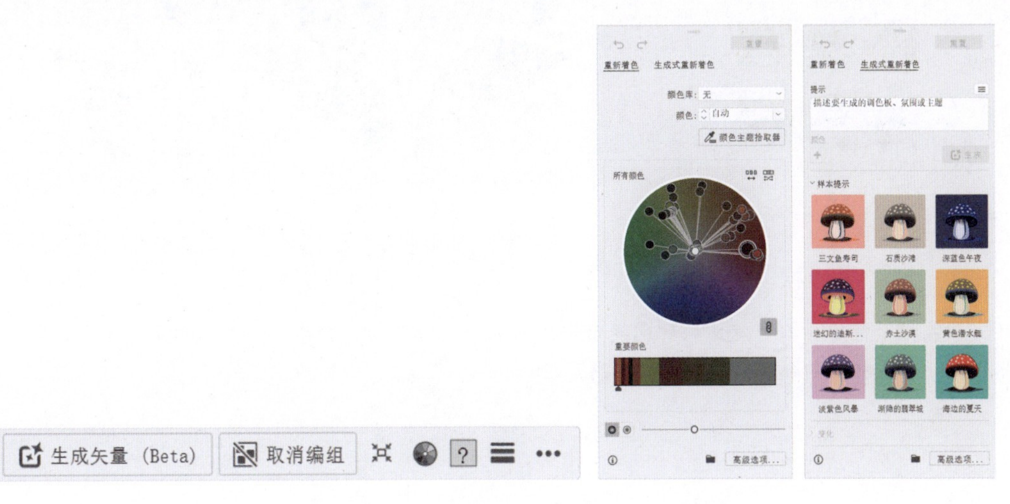

图7-125

02　单击“重新着色”按钮，调出“重新着色”面板，在其中能够调整该矢量图的色彩，如图7-126所示。

图7-126

03 在“生成式重新着色”面板中，可以选择使用系统提供的现成样本提示，也可以输入提示词以生成符合需求的配色方案，从而实现灵活高效的设计调整。

04 选择“样本”中的“渐隐的翡翠城”选项，如图7-127所示，一次将生成4种配色方案，生成的配色效果如图7-128所示。

图7-127

图7-128

05 还可以在提示框中输入自定义的配色提示词，例如“深紫色的神秘感”，然后单击“生成”按钮，系统将根据提示生成相应的配色方案，效果如图7-129所示。

图7-129

7.3.6 实战：文字效果

“文字工具”功能非常强大，允许用户创建以文字为核心的设计作品，如海报、社交媒体图形等。借助AI的辅助，该工具能够根据用户输入的提示词迅速生成模板或提供设计建议，极大地简化了设计流程，提高了设计效率。具体的操作步骤如下。

01 通过 firefly.adobe.com 进入操作界面，单击“文字效果”按钮，如图7-130 所示。进入如图7-131 所示的界面，在其中可添加需要创作的文字。

图7-130

图7-131

02 输入文字mercury，选择左侧面板中的“生成文字效果”选项，如图7-132 所示。

03 在文本框中输入希望创建文字的效果描述词：Liquid mercury，按Enter键后即可生成4张效果图，如图7-133 所示。

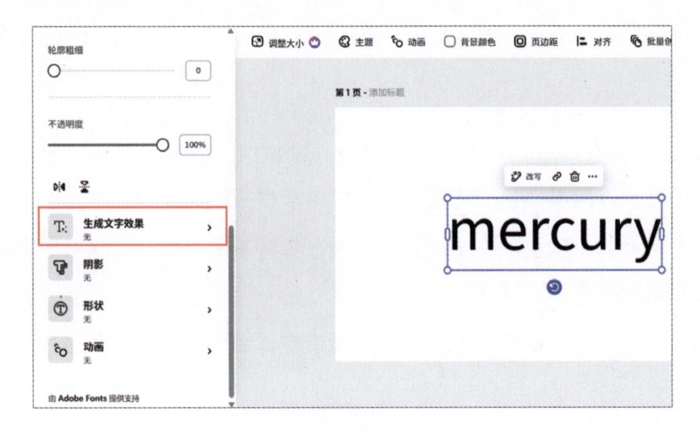

图7-132

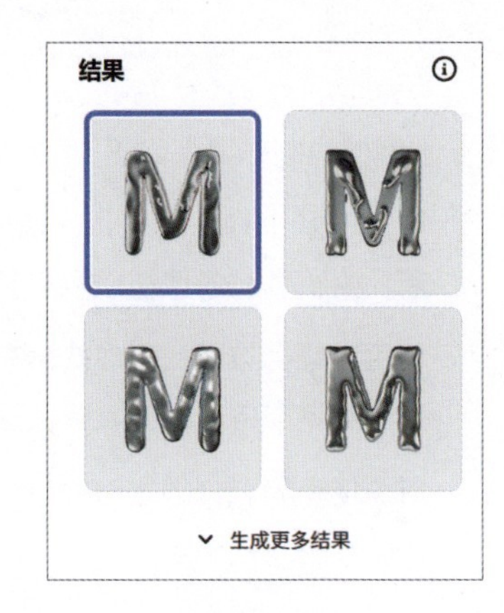

图7-133

04 单击其中一个效果样式，效果如图7-134 所示。在面板的右侧有各种调节文字样式的选项，可以调整文字的颜色、布局或文字效果，以满足具体需求。

05 完成后，单击面板右上角的“下载”按钮，选择文件格式后即可导出文件，如图7-135 所示。

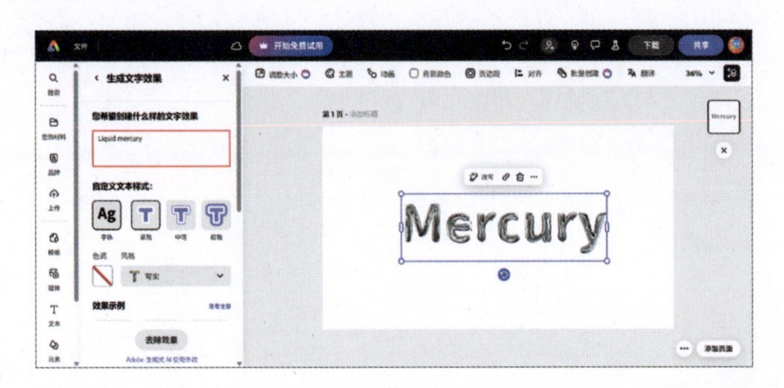

图7-134

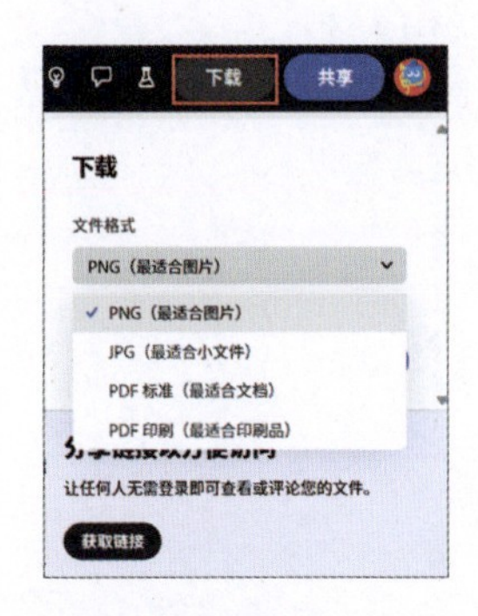

图7-135

7.4 综合实战：装饰客厅

在本例中，将运用创成式填充命令，为一张空旷的客厅场景图像增添丰富的装饰效果，如图7-136 所示。通过这一操作，客厅将焕发出全新的视觉魅力。

图7-136

本实战案例的制作要点如下。

- 导入一张小狗的图片，并借助创成式填充功能，为画面增添狗粮、玩具球、舒适的沙发、柔软的地毯、生机勃勃的绿植以及实用的垃圾桶等元素，从而让整个场景更加丰富多彩。
- 利用选框工具配合创成式填充，为可爱的小狗生成多个玩具，同时在其脖子上添加一个精致的项圈，并细致调整各项细节，确保画面的和谐与统一。
- 对整体布局进行细致的调整，确保每一个元素都恰到好处地融入场景中，最终呈现一幅完整且富有设计感的场景效果图。

第 8 章

从 AI 到设计落地：综合实战案例

本章将在前面章节所介绍的工具和方法的基础上，进一步深入探究如何巧妙利用 Photoshop 最新的 AI 功能，以高效完成设计创作。我们将通过平面设计、UI 设计以及电商设计的具体实例，详尽展示这些 AI 工具是如何简化繁复的设计流程、显著提升创作效率，并助力设计师们更加迅速、更加卓越地完成他们的作品。

8.1 Logo设计

Logo 无处不在，一些知名品牌的 Logo，虽然外表简洁，却拥有让人过目难忘的魔力。那么，这些 Logo 究竟是如何被设计出来的呢？ Logo 设计在品牌设计中占据着举足轻重的地位。本节将探讨如何运用最简洁的设计手法，精准地传达品牌的深层含义。

8.1.1 认识Logo设计

数千年前，我们的祖先便通过各类图腾、壁画和雕刻，表达对龙凤等神兽的崇敬之情，如图8-1左图所示。这些可被视为最原始的 Logo 形式。随着时代演进，在错综复杂的商业社会中，Logo 的用途愈发广泛，所代表的意义也日益丰富，例如代表公司、商业品牌等。

图 8-1 右图展示的正是苹果公司的初版 Logo，图中描绘了树上的苹果与树下的牛顿，这一设计部分地传达了该公司在创新与探索领域的精神追求。

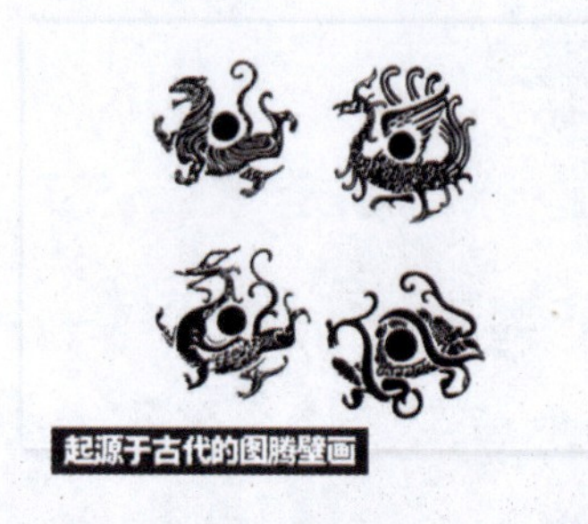

图8-1

如今我们所熟知的品牌 Logo，其实并不复杂。在多数情况下，它们由简洁醒目的图形和文字组合而成，并配以鲜明且具有代表性的颜色来凸显自身特色，如图8-2 所示。该图中汇集了众多知名品牌的 Logo。当看到某个 Logo 时，便会自然而然地联想到对应的企业或组织。正因如此，Logo 被定义为企业、组织及个人用作视觉识别的一种重要象征物。

图8-2

Logo 的设计形式丰富多样，在不同的行业和领域中，会呈现各异的 Logo 设计风格。即便是同一个品牌，在不同的发展时期，其 Logo 的面貌也很有可能截然不同。图8-3 所示是苹果公司 Logo 的演变历程。这些

Logo 中，有的扁平简洁，有的立体生动，有的多彩绚烂，有的高级简约。它们不仅代表着当时设计风格的流行趋势，更会随着时代的不断发展而变迁。

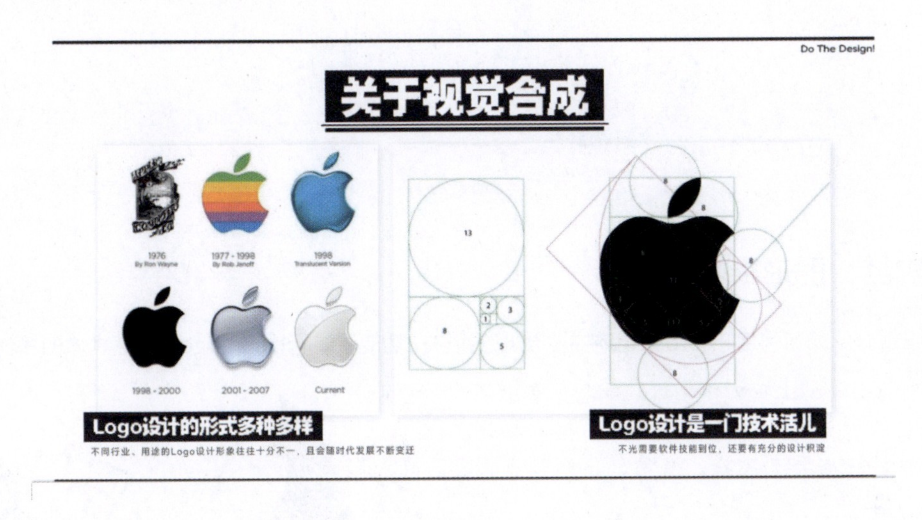

图8-3

8.1.2　实战：字母Logo设计

本例讲述在 Photoshop 中使用“创成式填充”功能来设计字母 Logo。具体的操作步骤如下。

01 启动Photoshop 2025，执行“文件”→“新建”命令，在弹出的对话框中设置参数，如图8-4 所示。

02 使用“矩形选框工具” 在画面中定义一个矩形选区，如图8-5 所示。

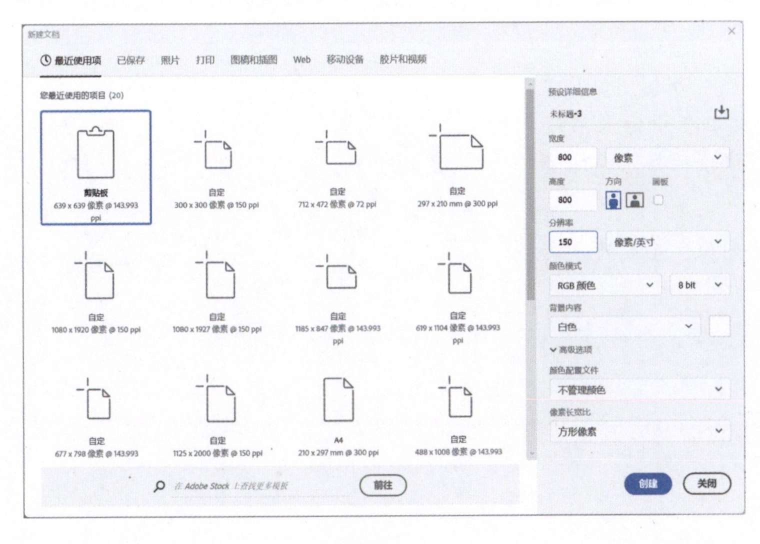

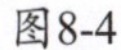

图8-4　　　　图8-5

03 执行“窗口”→“上下文任务栏”命令，在上下文任务栏的“创成式填充”文本框中输入描述词：“字母J的标志，扁平圆形排版，简约，透明白色背景，由Steff Geissbuhler设计，无阴影细节照片逼真的色彩轮廓”，单击“生成”按钮，即可生成图像，生成效果如图8-6 所示。

图8-6

8.1.3 实战：图形Logo设计

本例将详细介绍如何利用Photoshop中的“创成式填充”功能来进行图形Logo设计。具体的操作步骤如下。

01 执行“窗口”→“上下文任务栏”命令，在上下文任务栏的“创成式填充”文本框中输入描述词：“猫的标志与三叉戟，徽章，侵略性，图形，Logo”。

02 单击“生成”按钮，即可生成图像，生成的效果如图8-7所示。

图8-7

8.1.4 实战：线条Logo设计

本例将介绍如何利用Photoshop中的“创成式填充”功能，来设计具有线条风格的Logo。具体的操作步骤如下。

01 执行“窗口”→“上下文任务栏”命令，在上下文任务栏的“创成式填充”文本框中输入描述词：“生成一个蓝绿色结合，线条流畅，以叶子形象设计一个环保的Logo”。

02 单击“生成”按钮，即可生成图像，生成的效果如图8-8所示。

图8-8

8.2 海报设计

海报设计，作为一种通过视觉元素如图像、文字、色彩及排版来传递信息或宣传内容的设计形式，广泛应用于广告、活动推广及品牌宣传等领域。其核心理念在于吸引观者的注意力，并有效地传达主题与情感，以简洁明了的方式直击核心信息。

8.2.1　认识海报设计

海报这一概念，对于大家而言并不陌生，几乎在生活的每个角落都能见到它的身影。然而，在过去，海报的含义并不像今天这样丰富多彩。它最初起源于那些被张贴在街头的告示。在那个没有手机、计算机和互联网的时代，人们若想宣传或公告某事，只能将内容写在纸上，然后张贴在街头巷尾人流密集的地方，以此达到广泛传播的目的。这便是海报最早的形式了，如图8-9所示。

图8-9

时至今日，海报已成为我们生活中最常见的视觉媒介之一。凭借其便捷与直接的特点，仅需一张小纸片，便能将我们渴望广而告之的信息传遍五湖四海。随着互联网的蓬勃发展，如今我们所接触到的海报，更多地不再局限于街头巷尾的张贴，而是频繁地出现在网页、“朋友圈”以及 App 开屏界面上，如图8-10所示。

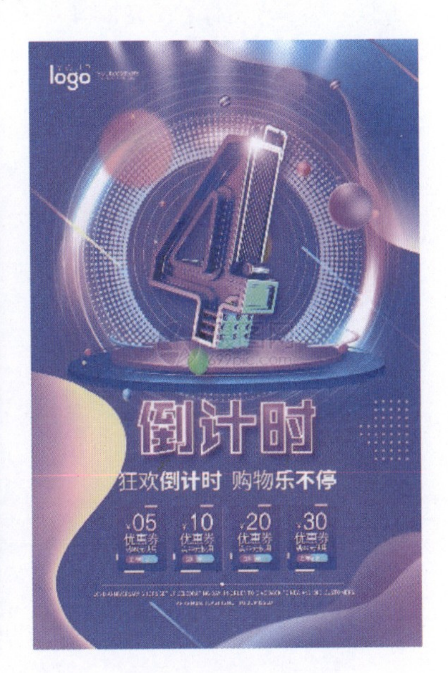

图8-10

然而，在具体的设计场景中，海报的设计又有一些讲究。一般而言，我们将高度大于宽度的竖版单张宣传物料称为“海报”。而对于那些宽度大于高度的横版物料，则有其他称呼，如横幅、Banner 等。

8.2.2 实战：端午海报

1. 生成背景图

使用 Photoshop 2025 中的 AI 功能生成一张背景图片，具体的操作步骤如下。

01 启动Photoshop 2025，执行“文件”→“新建”命令，新建一个宽为1125像素，高为2000像素的RGB文档，如图8-11 所示。

02 使用“矩形选框工具”在画面中定义一个矩形选区，如图8-12 所示。

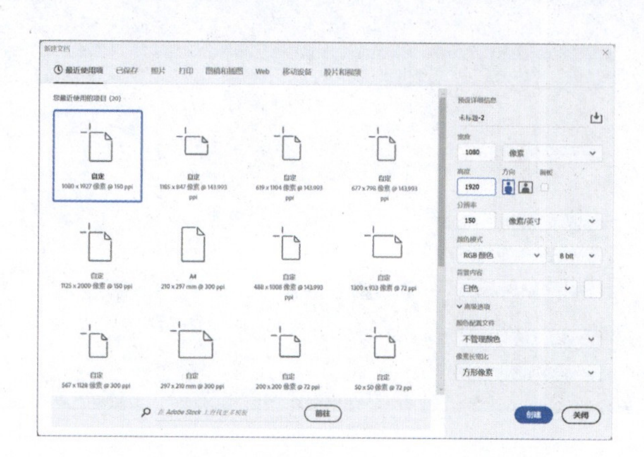

图8-11

图8-12

03 执行“窗口”→“上下文任务栏”命令，显示上下文任务栏，在其中输入描述词：“湖水，远山，划龙舟”，如图8-13 所示。

04 上传一张参考图像，如图8-14 所示。

图8-13

图8-14

05 单击“生成”按钮，生成的图像效果如图8-15 所示。

06 使用“套索工具”框选不完整的部分，在“创成式填充”文本框中输入“删除”，如图8-16所示，单击“生成”按钮，即可去除相应图像，如图8-17所示。

图8-15

图8-16

图8-17

2. 排版设计

对生成的背景图片进行调整，直至达到预期效果，随后进行排版设计。具体的操作步骤如下。

01 执行“文件”→“打开”命令，导入“赛龙舟”素材图片，按快捷键Ctrl+T自由变换，调整大小以及摆放位置，如图8-18所示。

02 单击“图层”面板下方的“创建新的填充或调整图层”按钮，在弹出的菜单中选择“色彩平滑”选项，并进行参数调整，如图8-19所示。调整效果如图8-20所示。

图8-18

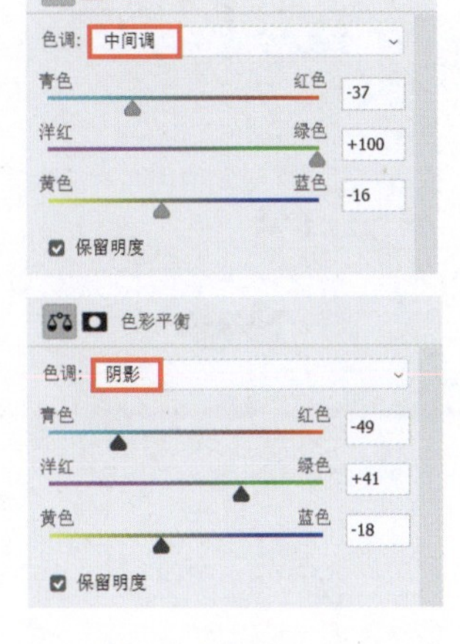

图8-19

图8-20

03 右击调色图层，在弹出的快捷菜单中选择“创建图层蒙版”选项，将调色图层只应用在“赛龙舟”图层，如图8-21所示。

04 执行“文件”→“打开”命令，导入“端午”文字素材，按快捷键Ctrl+T自由变换，调整小大及摆放位置，如图8-22 所示。

05 添加文字“端午临仲夏，时清日复长”，文字参数设置如图8-23 所示。文字效果如图8-24 所示。

图8-21

图8-22

图8-23

图8-24

06 在下方再添加文字“端午节，又称端阳节、重午节、午日节、龙舟节、正阳节、浴兰节、天中节等，是中国的传统节日。端午节节俗内容丰富，划龙舟与食粽子是端午节的两大礼俗主题”，文字参数设置如图8-25 所示，文字效果如图8-26 所示。

07 使用“套索工具” 框选太阳部分，如图8-27 所示。

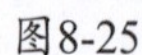

图8-25

图8-26

图8-27

08 单击“图层”面板下方的“创建新的填充或调整图层” 按钮，在弹出的菜单中选择“色相/饱和度”选项，并调整参数，如图8-28 所示。

09 使用“画笔工具” ，降低不透明度，在蒙版中进行涂抹，完成后的效果如图8-29 所示。

10 输入文字“五月初五，乙巳年【蛇年】，2025.05.31”，文字参数设置如图8-30 所示。

11 按住Shift键选中三段文字，在属性栏中单击“垂直分布”按钮，将文字均匀分布，轻微调整整体画面的摆放位置，最终效果如图8-31所示。

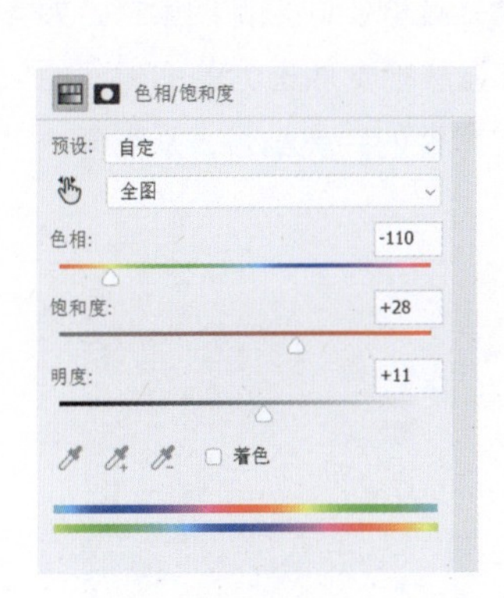

图8-28

图8-29

图8-30

图8-31

8.2.3 实战：专辑发布海报

本例制作一张音乐专辑的海报，完成后的效果如图8-32所示。

本实战案例的制作要点如下。

- 收集所需的文案和图片素材，对信息进行优先级排序，并完成初步的排版设计框架。
- 利用Photoshop进行抠图操作并调整图片效果，结合背景图与几何图形元素，设计出醒目的主视觉，并合理安排核心信息的布局。
- 对细节进行优化处理，通过添加渐变效果、阴影等修饰性元素，增强整体的层次感，确保画面呈现协调统一的视觉效果。

图8-32

8.3 合成设计

合成设计是一种创新的设计方式，它将多种素材、图像或元素巧妙地融合在一起。通过精细调整、叠加以及特效处理，合成设计能够创造出别具一格的全新视觉效果。这种设计方式不仅要求设计者具备出色的素材选择与整合能力，更需要其运用丰富的创意和精湛的技术，将零散的元素有机地组合成一个完整的艺术作品。因此，合成设计在广告、影视、平面设计等多个领域都得到了广泛的应用。

8.3.1 认识合成设计

合成设计是通过专业工具将多个图像进行合成处理的过程。具体而言，设计师会选取不同来源的素材，如图8-33所示，并通过精细的技术手段将它们有机整合，最终合成一张完整且具有强烈视觉冲击力的图像，如图8-34所示。这种设计方法不仅注重画面的统一与和谐，更致力于实现功能性与艺术性的完美结合，从而创造出令人瞩目的设计作品。

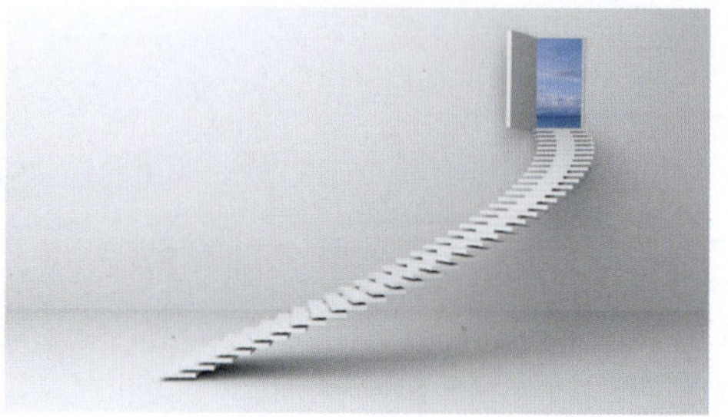

图8-33

图8-34

8.3.2 实战：速度与激情

在现实生活中，许多设计中需要展现的特殊场景难以通过实际拍摄来实现，这时就需要借助 Photoshop 来进行图像合成。接下来，将详细讲解 Photoshop 中的图像创意合成技术。本例将重点介绍情景合成的具体制作过程，涉及拼接各类素材、调整素材与整体色调等关键操作。具体的操作步骤如下。

01 启动Photoshop 2025，执行“文件”→“打开”命令，打开透明背景的“跑车”素材，如图8-35所示。

02 执行“窗口”→“上下文任务栏”命令，调出上下文任务栏，在“创成式填充”文本框中输入描述词：“蓝色的天空”，生成的效果如图8-36所示。

03 接着导入“直升机”和“直升机2”素材图片，并拖入文件中调整位置与大小，如图8-37所示。

图8-35

图8-36

04 导入“火星”素材图片，调整合适的位置与大小，添加图层蒙版，并使用“画笔工具”擦除多余部分，效果如图8-38 所示。

图8-37

图8-38

05 将“裂纹”素材拖入图片中，按快捷键Ctrl+T自由变换，按住Ctrl键随意拖动图片四周控制柄进行调整，调整完成后将“正常”改为“强光”模式，如图8-39 所示。

06 单击“图层”面板下方的“图层蒙版”按钮，使用“画笔工具”涂抹多余的部分，再执行“滤镜”→“模糊”→“动感模糊”命令，在弹出的对话框中，调整“角度”为-30度，“距离”为20像素，调整后的效果如图8-40 所示。

图8-39

图8-40

07 选中裂纹图层，按快捷键Ctrl+J复制图层，并移动到其他位置，效果如图8-41 所示。

08 将“碎石”素材拖入图片，创建图层蒙版，将多余部分涂抹掉，效果如图8-42所示。

图8-41

图8-42

09 将“破洞”与“车窗裂纹”素材图片拖入文档中，并调整位置和大小，创建图层蒙版，将多余部分涂抹掉，效果如图8-43所示。

10 将“导弹”素材图片拖入文档中，将混合模式改为“强光”，并调整位置和大小，创建图层蒙版，将多余部分涂抹掉，效果如图8-44所示。

图8-43

图8-44

11 将“光”素材图片拖入文档中，将混合模式改为“滤色”，并调整位置和大小，如图8-45所示。

12 将“火花”素材图片拖入文档中，并移动到画面下方的两侧，再选择“画笔工具”，将前景色设置为黑色，选择“柔边圆”画笔，降低不透明度，将画面下方的两侧压暗，如图8-46所示。

图8-45

图8-46

13 选择直升机图层，执行“图像”→“调整”→“色阶”命令，在弹出的对话框中调整参数，如图8-47所示。

14 新建图层并右击，在弹出的快捷菜单中选择“创建剪切蒙版”选项，使用“画笔工具”，设置前景色为#0068bb，对战斗机边缘进行涂抹，添加环境色，将混合模式改为“强光”模式。

15 选中天空图层，单击“创建新的填充或调整图层”按钮，在弹出的菜单中选择“可选颜色”选项，在“属性”面板中调整参数，如图8-48所示。最终效果如图8-49所示。

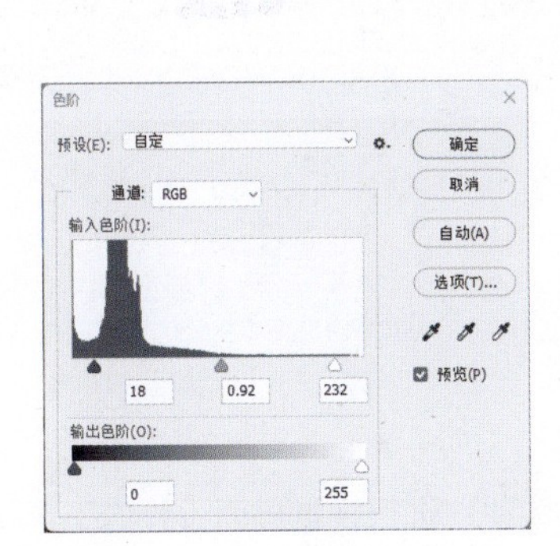

图8-47

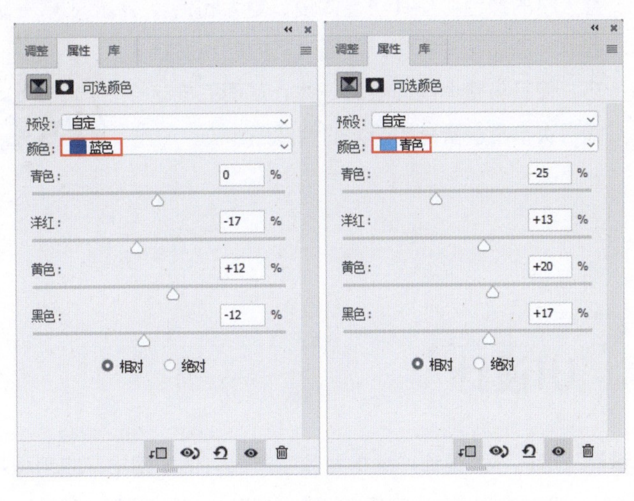

图8-48

图8-49

8.3.3 实战：畅想花卉合成图像

本例主要通过运用“钢笔工具”来精准勾勒图形轮廓，并以此为基础，顺利完成选区的创建、精细分割以及填充等关键操作，具体效果如图8-50所示。

本实战案例的制作要点如下。

- 创建一个尺寸为800像素×1200像素的新文档，并使用黄色、粉色和紫色为矩形填充颜色，进而制作出背景渐变效果。

- 导入所需的人物素材，经过剪切和调整之后，将其巧妙地分割。随后，为人物添加咖色背景，并结合渐变叠加技巧，营造一种具有层次感和厚度的视觉效果。
- 借助“曲线”和“色彩平衡”命令，精细调整人物的颜色，使其与整体设计更为和谐。此外，添加花卉素材，并通过巧妙的融合技巧，使其与整体画面融为一体，从而完成这幅层次丰富、富有畅想力的合成图像。

图8-50

8.4 UI设计

UI 设计（用户界面设计）是指为数字产品（例如网站、应用程序和软件）进行视觉界面设计的工作。其核心在于通过合理的布局、协调的颜色、清晰的字体以及直观的图标等多种元素，构建出既美观又易于操作的界面，从而优化用户的整体体验。UI 设计着重考虑用户的视觉感受及交互的便捷性，力求让产品功能一目了然，同时确保品牌风格保持统一。简而言之，UI 设计是搭建用户与数字产品之间有效沟通的桥梁。

8.4.1 认识UI设计

UI 设计融合了美学与功能性，旨在通过精心设计的界面，使用户在与产品交互时感到直观、舒适与愉悦。

UI 设计的主要作用如下。

- 传递信息：通过巧妙的布局、字体选择、图标设计和颜色搭配，UI设计能够帮助用户迅速捕捉到产品的核心信息。
- 提升体验：优秀的UI设计使用户能够轻松理解并利用产品功能，从而减少在使用过程中的困惑和阻碍。
- 塑造品牌形象：界面的设计风格和细节展现往往能反映出品牌的独特个性，进而在用户心中留下深刻印象。

UI 设计的核心要素如下。

- 布局：作为UI设计的基础，合理的界面信息排布需要通过明确的分区，突出关键信息，确保整体结构的层次分明。
- 颜色：颜色的选择不仅要追求美观，还要与产品的主题相契合，同时要注重颜色的对比度，以确保信息的可读性。
- 字体与图标：文字的大小、样式、间距以及图标的直观性和易懂性，都是直接影响用户使用体验的关键因素。

8.4.2　实战：弹窗设计

弹窗设计是一种普遍应用的用户界面设计模式，它指的是在应用程序、网站或软件中，通过悬浮窗口的形式在当前页面上展现信息、提供提示或者进行交互内容的设计手法。

1. 认识弹窗设计

弹窗（亦称模态框或对话框）通常以显著的视觉形式出现，旨在吸引用户注意力或引导用户执行特定操作。常见的弹窗类型包括通知、行为引导、内容推广、警告或确认等，如图8-51所示。在设计弹窗时，需要妥善平衡信息传达与用户体验之间的关系，力求在不打扰用户的情况下，有效地达成设计目标。

图8-51

2. 开学季

（1）生成主体形象。

首先，利用 Photoshop 2025 所具备的 AI 功能生成一个主体形象，具体的操作步骤如下。

01 启动Photoshop 2025，执行“文件”→“新建”命令，新建一个宽为1125像素，高为2000像素的RGB文档，如图8-52所示。

02 使用“矩形选框工具”在画面中定义一个矩形选区，如图8-53所示。

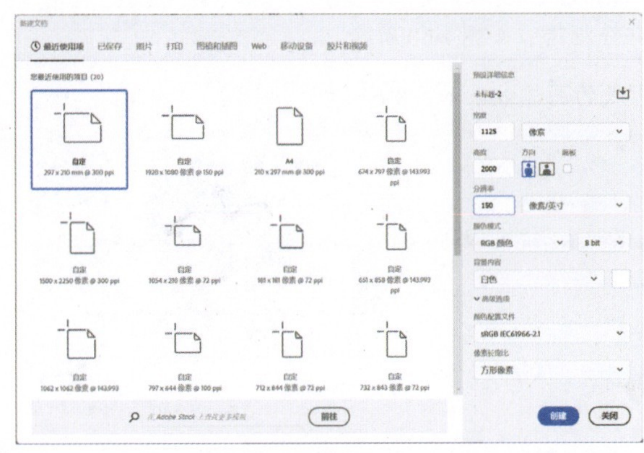
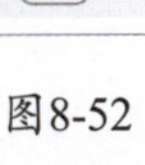

图8-52

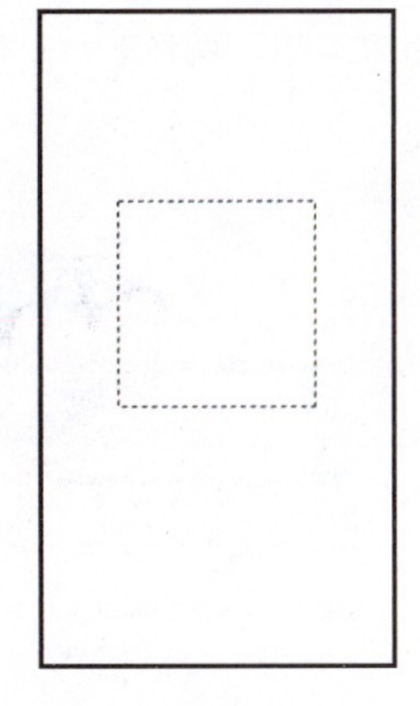

图8-53

03 执行“窗口”→“上下文任务栏”命令，显示上下文任务栏，在“创成式填充”文本框中输入描述词：

“3D火箭图标，可爱，蓝紫色渐变色，光泽感”，如图8-54所示。

04 上传一张参考图像，如图8-55所示。

图8-54

图8-55

05 单击“生成”按钮，生成的效果如图8-56所示。

06 在“图层”面板中右击，并在弹出的快捷菜单中选择“合并图像”选项，如图8-57所示。

07 使用“套索工具”将生成的不完整部分框选，如图8-58所示。

08 在“创成式填充”文本框中输入“微笑”描述词，单击“生成”按钮，生成的图像效果如图8-59所示。

图8-56　图8-57　图8-58　图8-59

09 使用“套索工具”将下方书本的残缺部分框选，如图8-60所示。

10 在上下文任务栏中单击“生成”按钮，生成的图像效果如图8-61所示。

图8-60

图8-61

11 按住Shift键选中所有生成的图层，如图8-62所示，按快捷键Ctrl+E合并图层。

12 双击合并后的图层，将其命名为“微笑的小男孩”，如图8-63 所示。

13 图层合并后，在上下文任务栏中单击“选择主体”按钮，将剩余没完全选中的部分使用“套索工具” 选中，然后补充或删除，如图8-64 所示，具体效果如图8-65 所示。

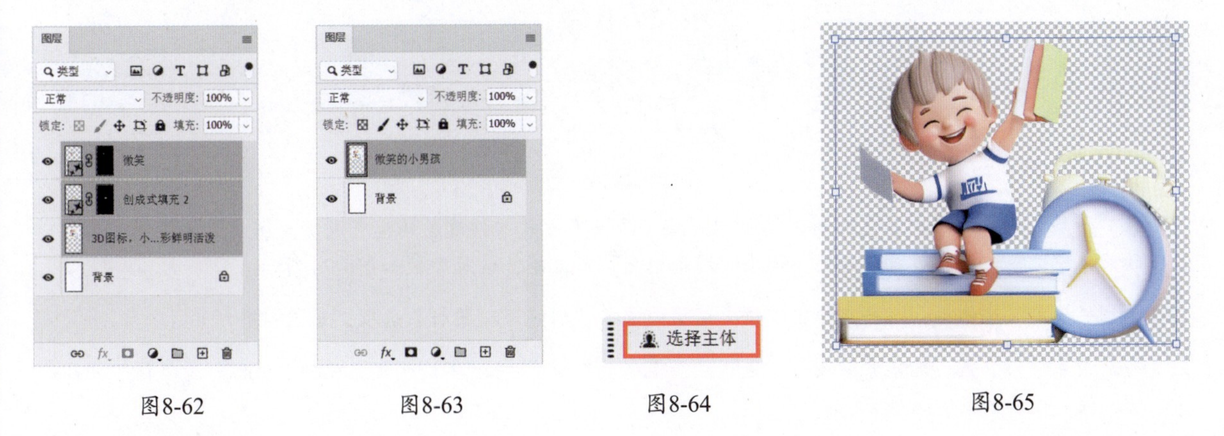

图8-62　　图8-63　　图8-64　　图8-65

（2）排版设计。

在对生成的主体形象进行适当的调整后，接下来开始着手弹窗的排版设计工作，以呈现出完整的视觉效果。具体的操作步骤如下。

01 在“图层”面板中将生成的主体图标隐藏，如图8-66 所示。

02 使用“矩形选框工具” 创建一个描边为“无”，填充颜色为fff37f的矩形，如图8-67 所示。

03 按快捷键Ctrl+J将矩形复制一层，缩小并放置在矩形的右上方，如图8-68 所示。

04 选中两个矩形图层，执行“图层”→“合并形状”→“统一形状”命令，将两个矩形合并为一个整体。

05 按快捷键Ctrl+J将矩形复制一层，选择“矩形选框工具” ，在属性栏中将填充色改为c9edfa，描边为97d6ff，如图8-69 所示。

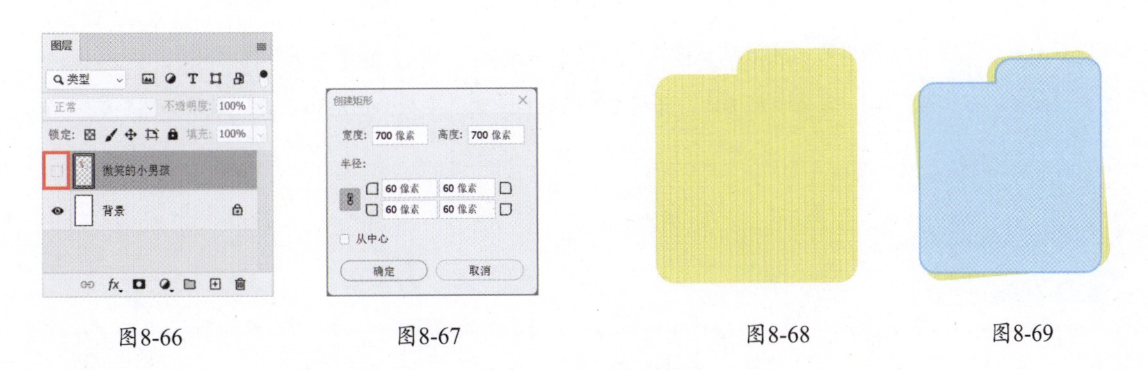

图8-66　　图8-67　　图8-68　　图8-69

06 使用“添加锚点工具” 将直角调整为圆角，如图8-70 所示。

07 “矩形选框工具” 绘制一个描边为白色，填充为无的矩形，如图8-71 所示。

08 使用“矩形选框工具” 将该矩形框选，如图8-72 所示，并将下层的蓝色图层隐藏。

09 执行“编辑”→“定义图案”命令，弹出如图8-73 所示的“图案名称”对话框，命名为“白色方格”后，单击“确定”按钮。

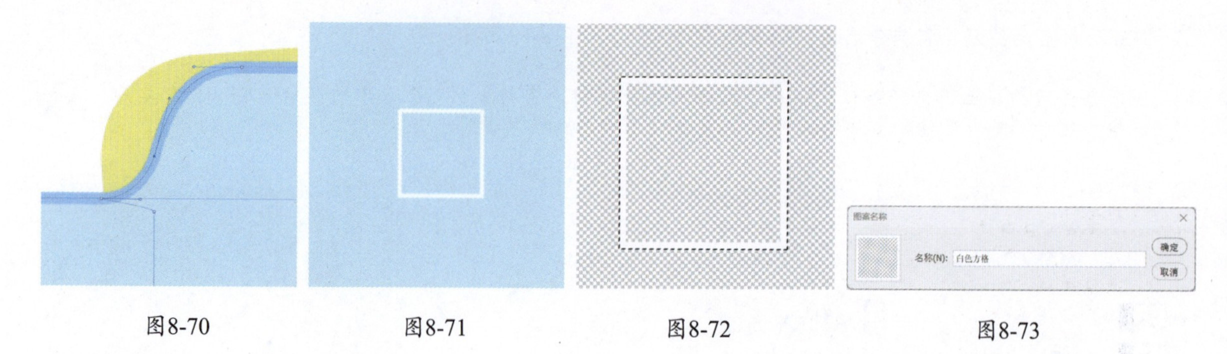

图8-70　　图8-71　　图8-72　　图8-73

10 在“图层”面板中选中蓝色矩形，单击“图层”面板下方的“创建新的填充或调整图层”按钮，在弹出的菜单中选择“图案填充”选项，弹出“图案填充”对话框，设置参数如图8-74所示。

11 单击“确定”按钮后，右击在弹出的快捷菜单中选择“创建剪贴蒙版”选项，如图8-75所示。

12 将前景色设为黑色，选中蒙版图层。选中“画笔工具”，将“不透明度”改为“50%”，将格子四周涂抹减淡，效果如图8-76所示。

13 使用“钢笔工具”绘制如图8-77所示的形状。

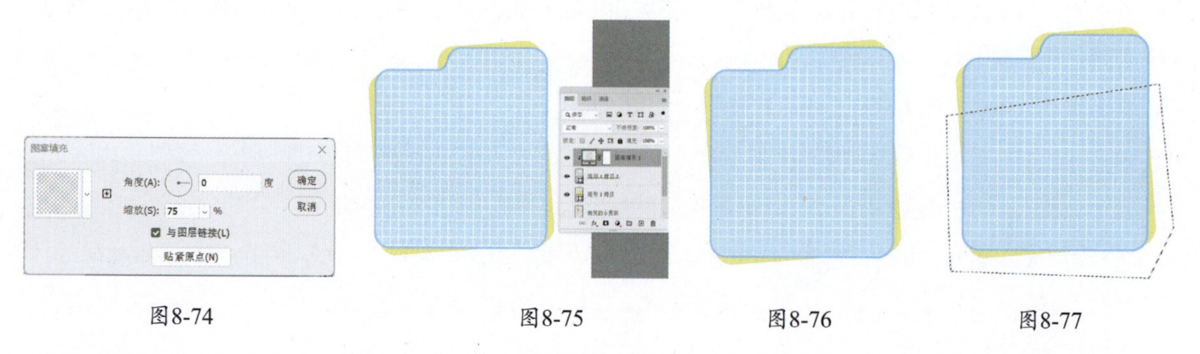

图8-74　　图8-75　　图8-76　　图8-77

14 选择“渐变工具”，在“渐变编辑器”对话框中设置颜色，如图8-78所示。

15 填充后，右击图层，在弹出的快捷菜单中选择“创建剪贴蒙版”选项，效果如图8-79所示。

16 选中“矩形选框工具”，定义矩形选区，并填充为0d8dfa，设置参数如图8-80所示。效果如图8-81所示。

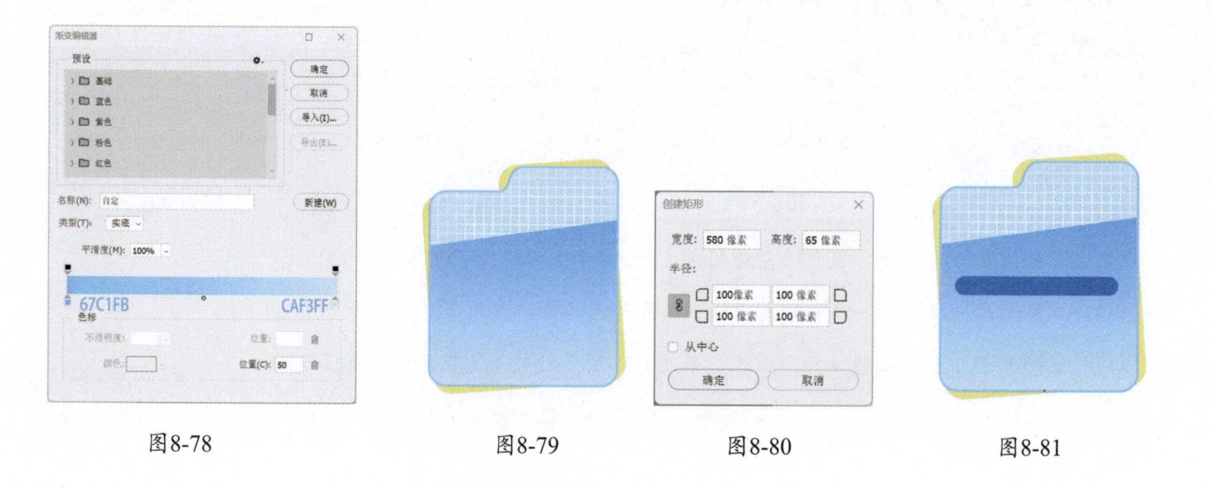

图8-78　　图8-79　　图8-80　　图8-81

17 将生成的主体图标显示出来，并移至图层顶部，按快捷键Ctrl+T调整其整体位置和大小，如图8-82所示。

18 选中“矩形选框工具”，定义矩形选区，大小如图8-83所示，描边颜色为faf6e0。

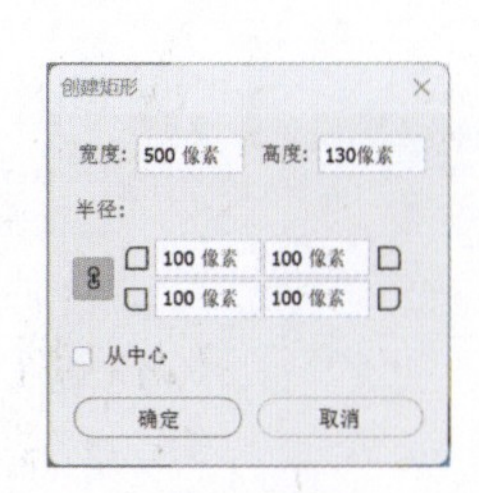

图8-82　　图8-83

19 右击该矩形图层，在弹出的快捷菜单中选择“混合选项”选项，弹出“图层样式”对话框，选择“渐变叠加”样式，调整参数如图8-84所示。再选择“投影”样式，调整参数如图8-85所示。矩形效果如图8-86所示。

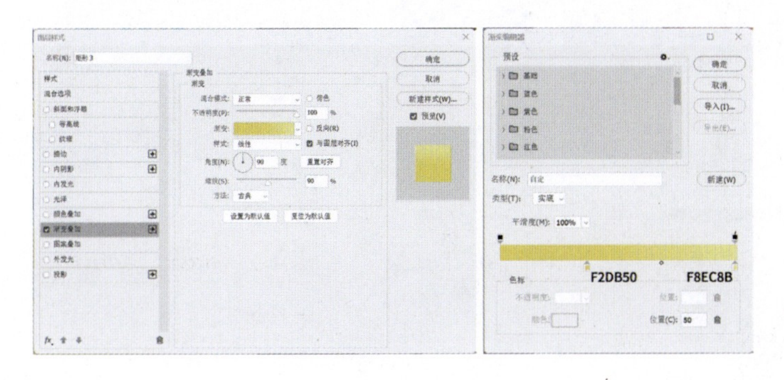

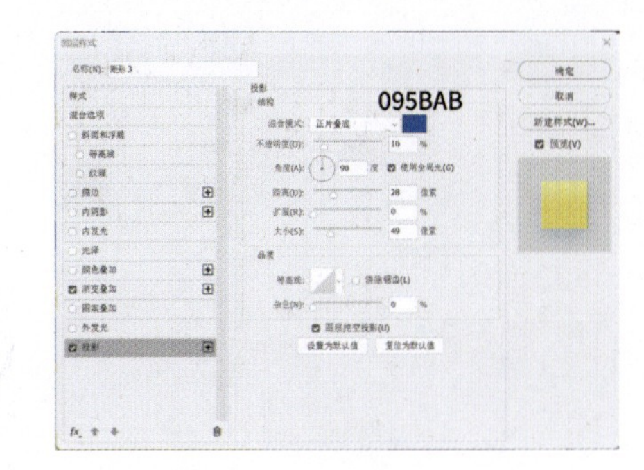

图8-84　　图8-85

20 添加文字，并设置文字大小为18点，字体为思源黑体，如图8-87所示。

图8-86　　图8-87

21 添加“立即购买”文字，设置文字大小为30点，字体为思源黑体。双击图层弹出“图层样式”对话框，选择“渐变叠加”样式，参数设置如图8-88所示。效果如图8-89所示。

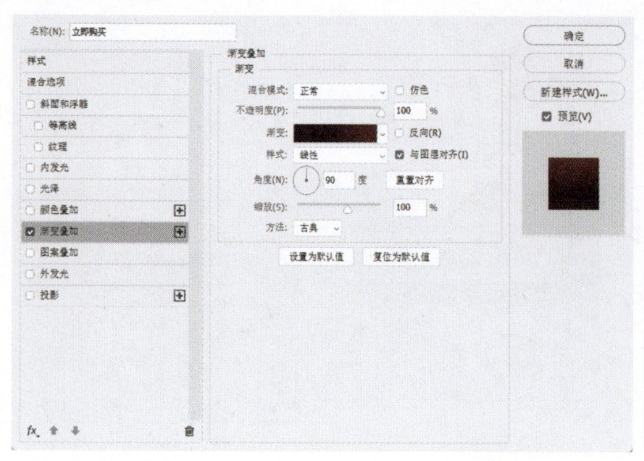
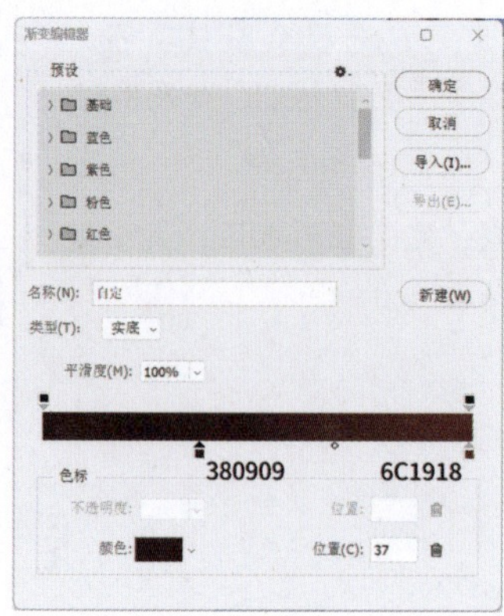

图8-88

图8-89

22 添加文字“助力开学季”，设置文字大小为55点，字体为庞门正道标题体，添加“投影”和“渐变叠加”图层样式，参数设置如图8-90所示。文字效果如图8-91所示。

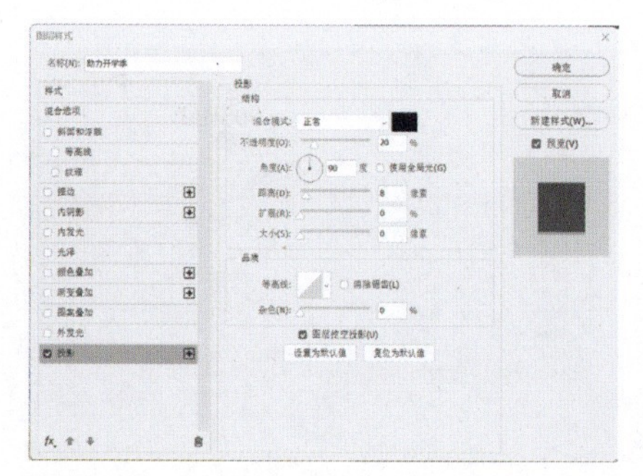
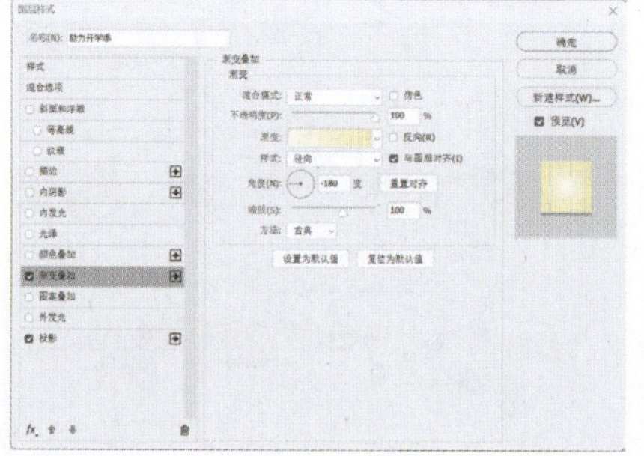
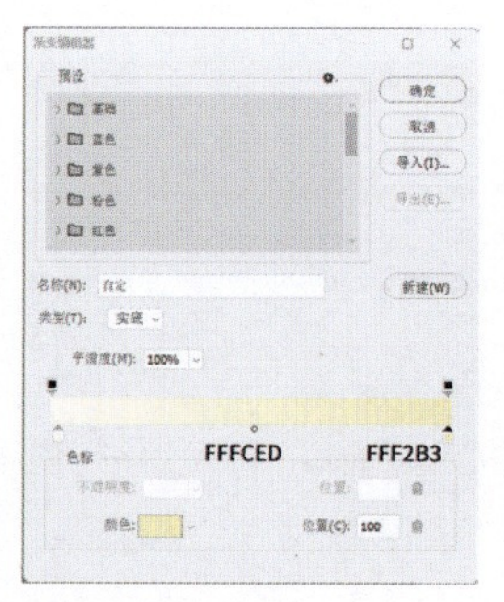

图8-90

23 在“微笑的小男孩”主体图标下新建图层，前景色设置为095bab，“画笔”工具为“柔边缘”，不透明度为60%，在主体图标下涂抹投影，效果如图8-92所示。

24 执行“文件”→“打开”命令，导入“背景底图”素材图，并放置在图层底部，如图8-93所示。

25 使用“矩形选框工具”，创建一个填充为213141，不透明度为75%的矩形，如图8-94所示。

图8-91

图8-92

图8-93

图8-94

26 执行“文件”→“打开”命令，导入“发光背景”素材图片，如图8-95所示。

27 单击图层下方的“图层蒙版”按钮，选中“画笔工具”，设置为“柔边缘”，不透明度为55%，涂抹素材四周，效果如图8-96所示。

28 导入“发光圆点”和“发光菱形”素材图片，按快捷键Ctrl+T调整其位置和大小，如图8-97所示。

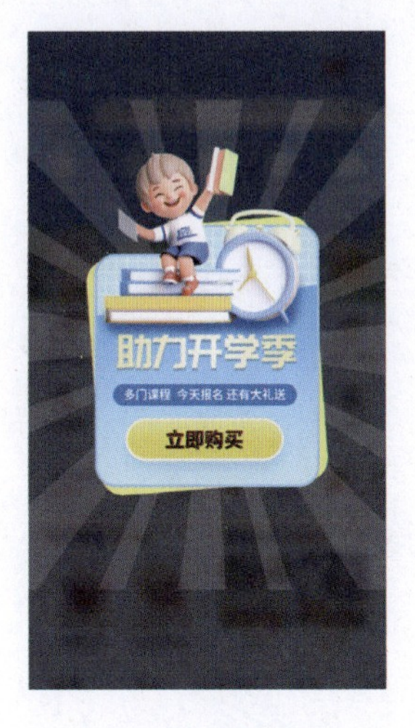

图8-95

图8-96

图8-97

29 导入“手”素材图片，双击素材图层，弹出“图层样式”对话框，添加“投影”样式，参数设置如图8-98所示。最终完成的效果如图8-99所示。

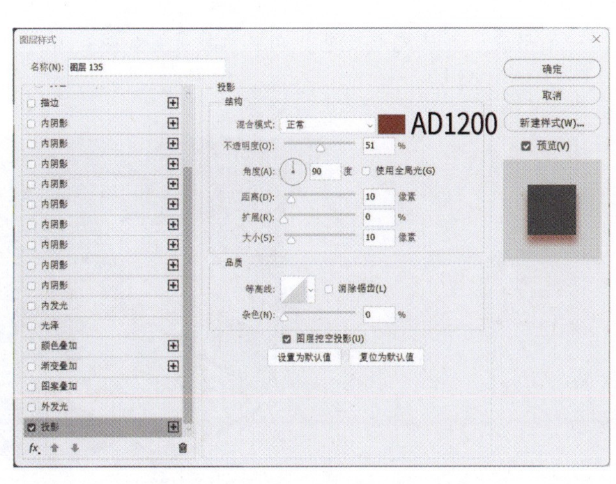

图8-98

图8-99

8.4.3 实战：网页设计

网页设计是指为互联网创建网站和网页的过程，这一过程涵盖视觉设计、功能开发以及用户体验优化等多个方面。

1. 认识网页设计

网页设计是一门融合了技术与艺术的学科，它随着技术的不断进步和用户需求的持续演变将持续发展，并在数字化世界中发挥着举足轻重的角色。网页设计的宗旨在于，借助美观的视觉设计和高效的页面布局来吸引浏览者的注意力，进而优化用户体验，使浏览者能够迅速获取所需信息或完成预定任务。除此之外，设计还需着重强化品牌形象，充分展现企业文化及其价值观，以此加深品牌的市场认知度，并进一步助力实现业务目标，诸如提升销售额、增加用户订阅量或提高网站流量等。

2. 商务网页设计步骤

商务网页设计的具体操作步骤如下。

01 启动Photoshop 2025，执行“文件”→“新建”命令，新建一个宽为1920像素，高为1080像素的RGB文档，如图8-100所示。

02 导入素材图片，如图8-101所示。

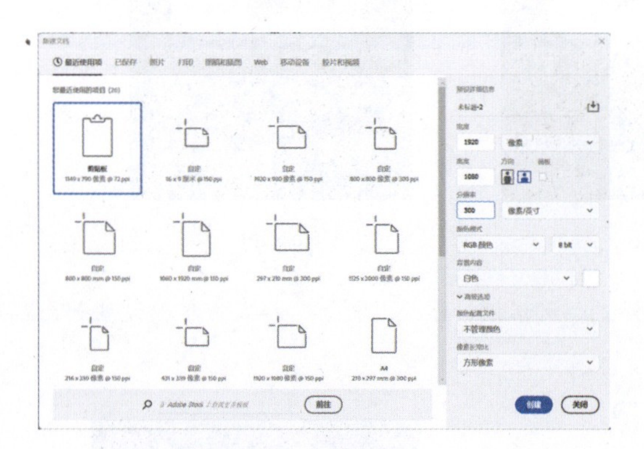

图8-100

图8-101

03 使用“钢笔工具” 在素材图层下方绘制一个形状，并填充渐变色，渐变参数设置如图8-102所示。绘制效果如图8-103所示。

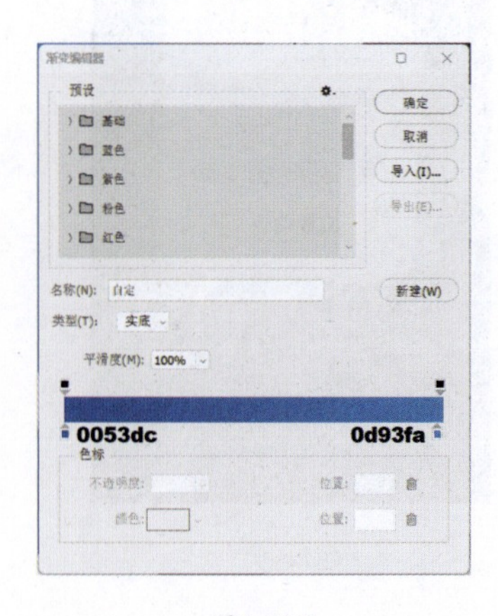

图8-102

图8-103

04 使用“矩形选框工具” 框选出要生成图像的位置，执行“窗口”→“上下文任务栏”命令，显示上下文任务栏，在“创成式填充”文本框中输入描述词：“蓝色的书本”，如图8-104所示。生成的效果如图8-105所示。

图8-104

图8-105

05 使用“矩形选框工具” 框选出要生成图像的位置，在“创成式填充”文本框中输入描述词：“扁平插画，盆栽，橘色”，如图8-106所示。生成的图像效果如图8-107所示。

06 使用“矩形选框工具” 框选出要生成图像的位置，在“创成式填充”文本框中输入描述词：“扁平插画，金色钱币”，如图8-108所示。生成的图像效果如图8-109所示。

图8-106

图8-107

图8-108

图8-109

07 使用“横排文字工具” 输入文字：“首页介绍 产品说明 合作发展 关于我们 联系我们”，文字大小为4点，字体为“思源黑体 CN”，如图8-110所示。

08 使用“矩形选框工具” ，在文字右侧定义一个矩形选区，并在其中添加文字和“放大镜”素材，如图8-111所示。

图8-110

图8-111

09 使用“横排文字工具” T 输入文字，字体设置为“思源黑体 CN”，调整文字的摆放位置与大小，如图8-112 所示。

10 使用“矩形选框工具” ，绘制一个圆角矩形选区，填充颜色为ffa800，并添加文字，如图8-113 所示。

图8-112　　图8-113

11 使用“椭圆选框工具” ，按住Shift键在左下方定义3个正圆选区，填充颜色依次为ff9c00、09a8e4、ff5d9a，如图8-114 所示。

12 导入“手机”素材图片，调整大小，依次放置在3个圆形中，如图8-115 所示。

13 在圆形图标下方添加数字，如图8-116 所示，最终完成的效果如图8-117 所示。

图8-114　　图8-115　　图8-116

图8-117

8.5 电商设计

电商设计是专为电子商务平台（例如网上商店、购物网站或移动应用）量身打造的界面设计。其目标在于通过视觉效果的优化和交互体验的提升，进一步增强用户的购物体验，并最终实现销售转化。

8.5.1 认识电商设计

电商设计并非仅关注于网站的美观度，它更侧重于如何有效吸引用户、精简购物流程，以及为用户营造便捷舒适的购物环境。

1. 电商设计的作用

- 提升用户体验：出色的电商设计能让用户轻松获取产品信息，在浏览商品时感受到顺畅无阻，同时在结账环节也能享受到清晰简洁的流程。
- 促进转化率：电商设计的一个核心目标在于提高用户的购买意愿。通过优化页面布局、精心设计按钮等元素，能够有效增强用户的转化率。
- 展示品牌个性：电商平台的设计除了追求便捷实用，更需要凸显品牌的独特魅力，从而让用户对品牌产生深刻印象并形成认同感。

2. 电商设计的关键要素

- 首页布局：电商网站的首页是展示热销商品和促销活动的重要窗口。因此，首页布局必须简洁明了，确保用户能够快速定位到自己感兴趣的内容。
- 产品展示：商品图片作为吸引用户的关键因素，必须保持清晰且诱人。同时，提供详尽的产品信息也是必不可少的。通过图文并茂的展示方式，能够更有效地激发用户的购买欲望。
- 结账流程：结账页面的设计应追求简洁易懂和步骤清晰，避免引入过多复杂烦琐的操作，以确保用户能够顺利完成购买。

8.5.2 实战：电商主图

主图指的是在电子商务平台上用于展示商品的主要图片，它通常被放置在商品详情页面的显眼之处。这张图片是吸引用户点击并进一步激发其购买欲望的关键视觉元素。

1. 认识电商主图

主图设计对消费者的第一印象和购买决策具有直接影响，因此必须具有强烈的吸引力、高清晰度，并能充分展示产品的优势。以下是主图设计的关键要素。

- 清晰展示产品：主图应清晰、真实地呈现商品，着重突出产品的特点、细节和功能。为实现这一点，常见的设计手法包括采用高质量、专业的摄影作品或精细的插图。
- 简洁背景：背景应保持简洁，以避免分散用户的注意力。常见的背景选择包括纯色、白色或简洁的场景背景，从而使产品成为视觉上的焦点。
- 突出品牌和特点：可以通过添加品牌标识、特色标签或优惠信息等元素，来强化品牌的识别度并有效地传递产品的卖点。

- 吸引眼球：设计应简洁且具有强烈的视觉冲击力，确保图像能在众多商品中脱颖而出，吸引用户点击进一步了解。
- 一致性与规范：电商平台通常会对主图的尺寸、比例、文件格式等方面有特定要求，设计过程中必须确保严格遵守平台规定。

优秀的主图设计不仅能够显著提升商品的曝光率，还能有效增强消费者的购买欲望，从而提高点击率和转化率。

2. 宠物食品电商主图设计流程

首先使用 Photoshop 2025 中的 AI 功能生成一张场景图片，并将包装置入场景中，具体的操作步骤如下。

01 启动Photoshop 2025，执行“文件”→“新建”命令，新建一个宽为800像素，高为800像素的RGB文档，如图8-118 所示。

02 使用“矩形选框工具”将画面全选，如图8-119 所示。

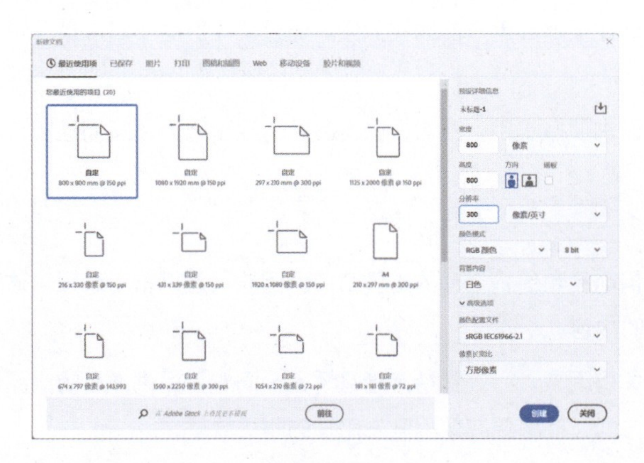

图8-118

图8-119

03 执行“窗口”→“上下文任务栏”命令，显示上下文任务栏，在其中输入描述词：“绿色草坪背景，青苔，背景模糊”，如图8-120 所示。

04 单击“生成”按钮，生成效果如图8-121 所示。

图8-120

图8-121

05 将画面向下移动，使用“矩形选框工具”框选空白区域，如图8-122所示。

06 单击“创成式填充”按钮后，再单击“生成”按钮，生成图像的效果如图8-123所示。

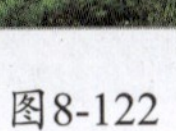

图8-122

图8-123

07 使用“矩形选框工具”框选右下角区域，在“创成式填充”文本框中输入文字：“椭圆的木头材质的展台，3D，真实”，如图8-124所示。生成的图像效果如图8-125所示。

图8-124

图8-125

08 导入一张素材，如图8-126所示。在上下文任务栏中单击“选择主体”按钮，如图8-127所示，将图片选中，按快捷键Ctrl+J复制，得到透明底图素材。

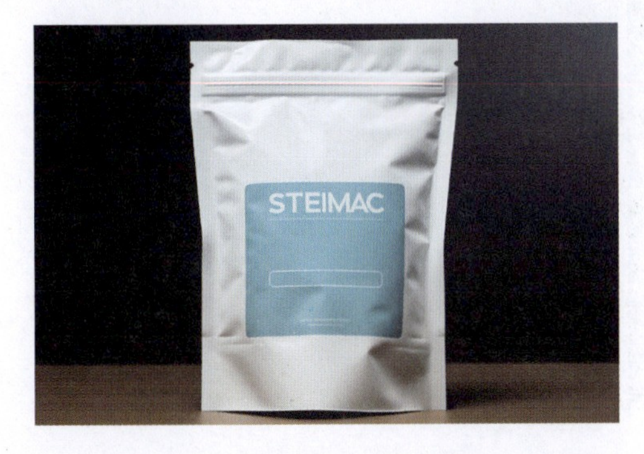

图8-126

图8-127

09 将透明底图素材移至画面中，按快捷键Ctrl+T调整摆放位置及大小，如图8-128所示。

10 使用“椭圆选框工具”在包装下方选出投影位置，添加颜色为黑色，使用“高斯模糊”滤镜进行模糊处理，效果如图8-129所示。

图8-128

图8-129

11 使用“矩形选框工具”框选右下角区域，在“创成式填充”文本框中输入文字：“一只白色的布偶猫，可爱”，如图8-130所示。并上传一张参考图像，如图8-131所示。生成的图像效果如图8-132所示。

图8-130

图8-131

12 单击“图层”面板下方的“创建新的填充或调整图层”按钮，在弹出的菜单中选择“亮度/对比度”选项，并进行参数调整，如图8-133所示。

图8-132

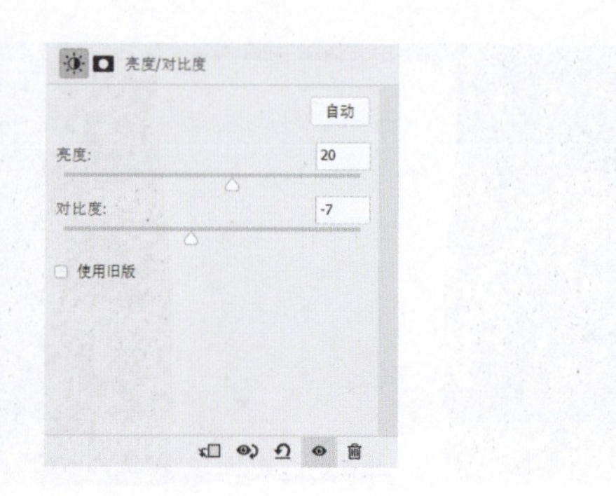

图8-133

13 添加“色彩平衡”和“曝光度”调整图层，参数设置如图8-134所示。

14 按快捷键Shift+Ctrl+Alt+E盖印，得到一张图片，如图8-135所示。

15 将图层中除盖印外的图层全部选中，创建到一个图层组中，单击其左侧的👁按钮进行隐藏，如图8-136所示。

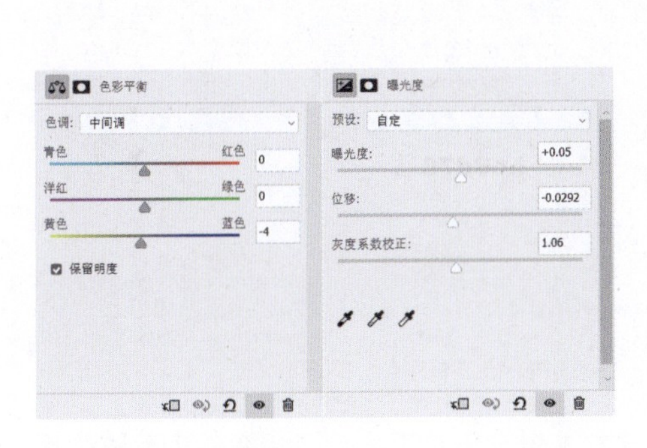

图8-134

图8-135

图8-136

16 使用“矩形选框工具”⬚在画面中定义一个矩形选区并设置参数，如图8-137所示，效果如图8-138所示。

形状　填充:　描边:　8 像素　W: 788.36　H: 788.36　50 像素

图8-137

图8-138

17 双击“矩形”图层，弹出“图层样式”对话框，分别添加“斜面与浮雕”“渐变叠加”“投影”图层样式，参数设置如图8-139和图8-140所示。

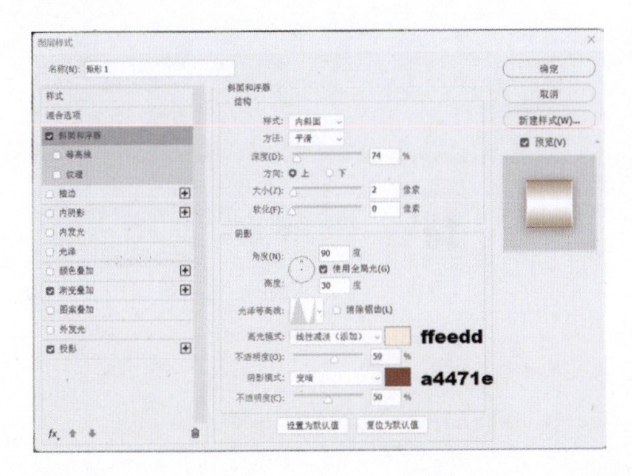

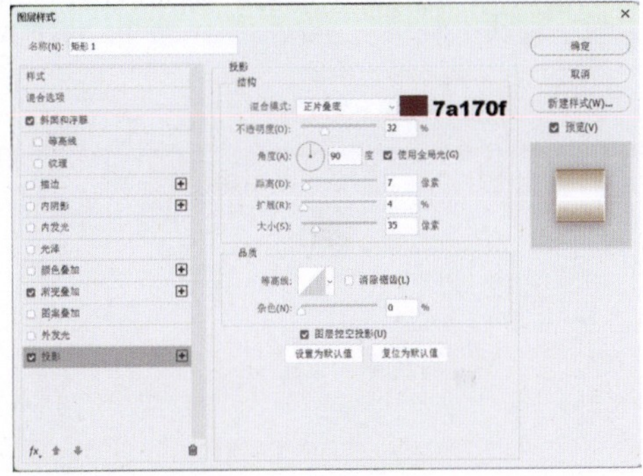

图8-139

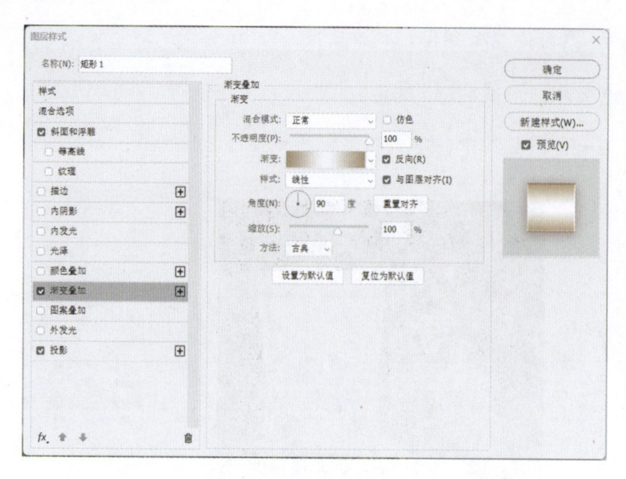

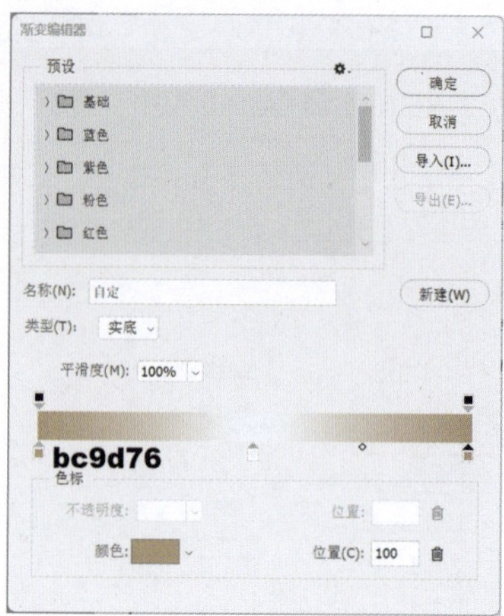

图8-140

18 创建一个与矩形框同大的矩形，填充为白色，描边为无，并放置图片图层下方后，建立创建剪切蒙版，如图8-141所示。

19 执行“视图”→“显示”→“网格”命令，显示网格。使用“钢笔工具”绘制对称形状并填充渐变色，如图8-142所示。

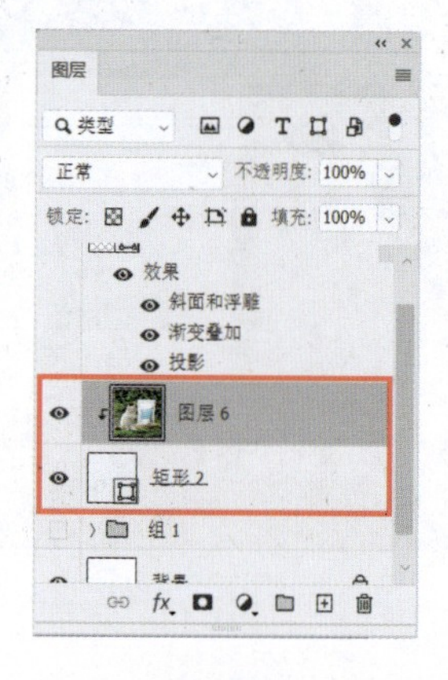

图8-141

图8-142

20 双击该图层，在弹出的“图层样式”对话框中添加“斜面与浮雕”“描边”“内阴影”“渐变叠加”“投影”图层样式，参数设置如图8-143和图8-144所示。

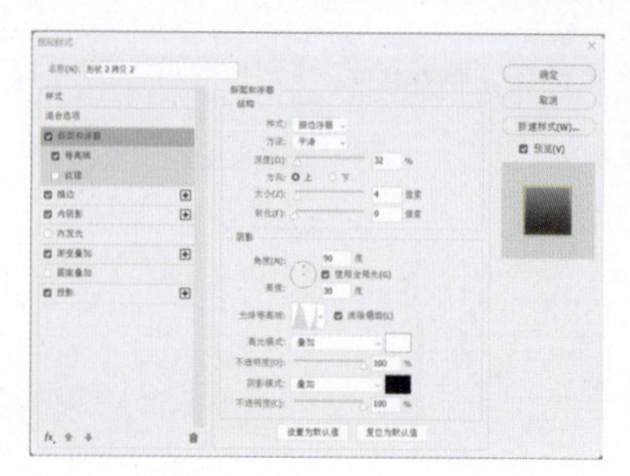

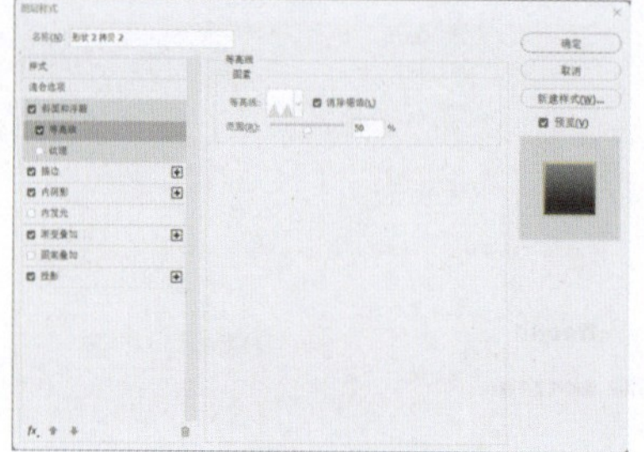

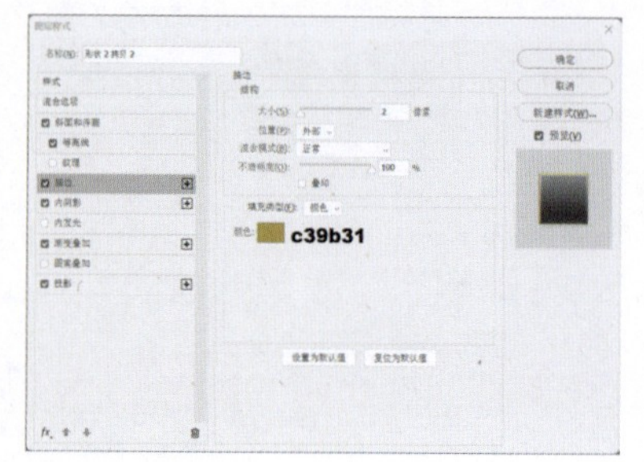

图8-143

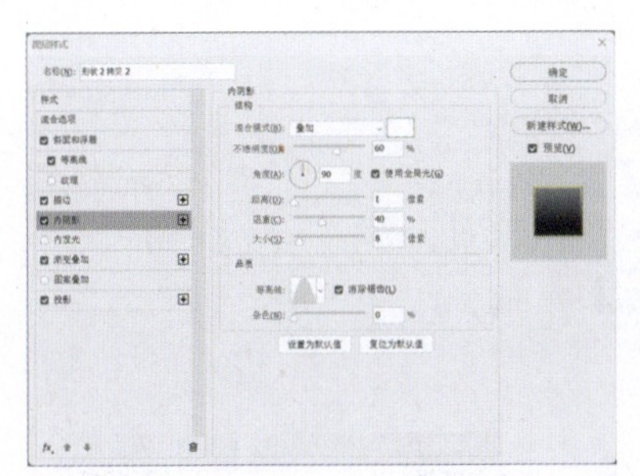
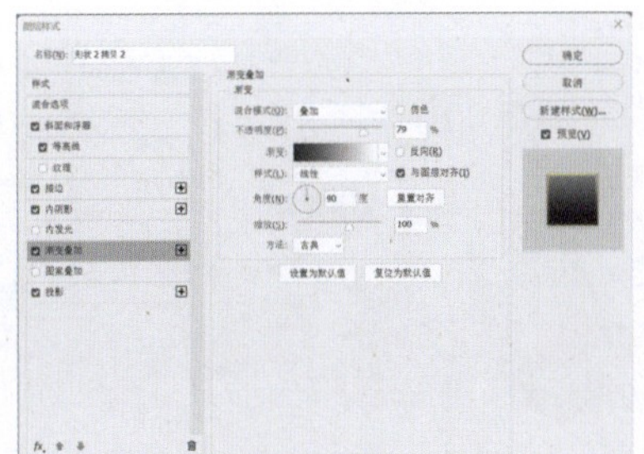
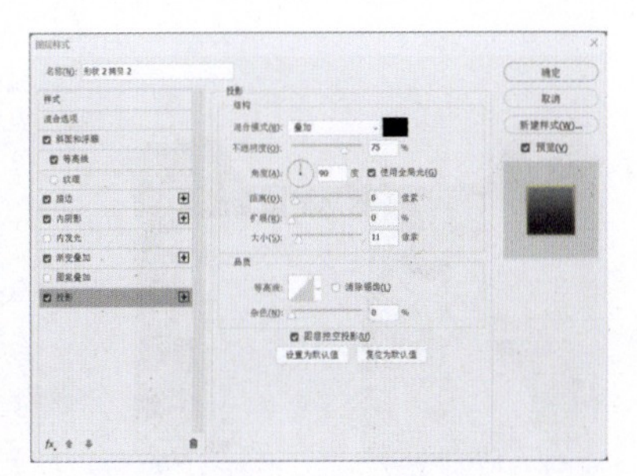

图8-144

21 使用“矩形选框工具” 在画面下方定义一个矩形选区，具体设置如图8-145所示。

图8-145

22 双击该图层，在弹出的“图层样式”对话框中添加“斜面与浮雕”“描边”“渐变叠加”图层样式，参数设置如图8-146和图8-147所示。

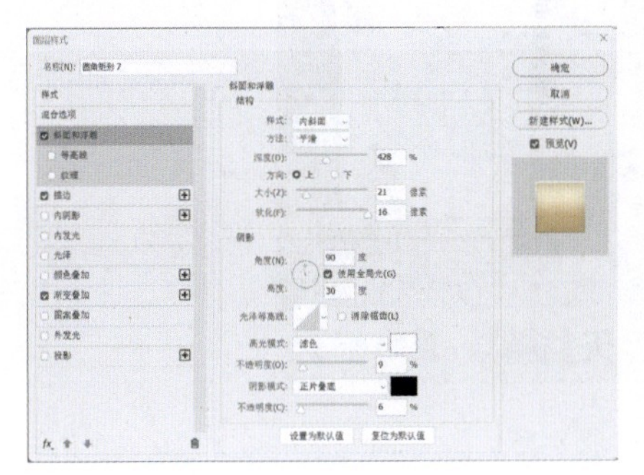
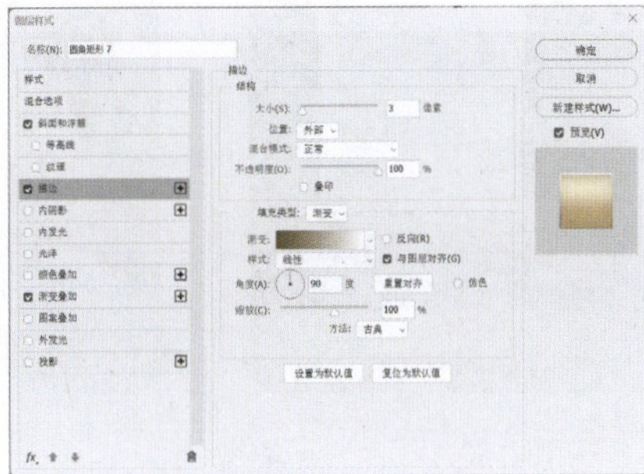
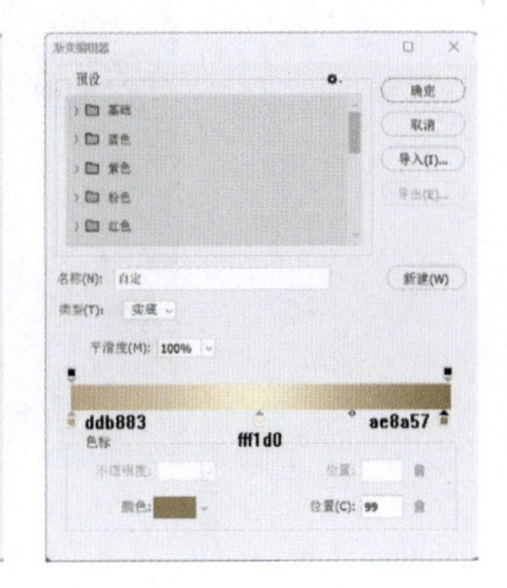

图8-146

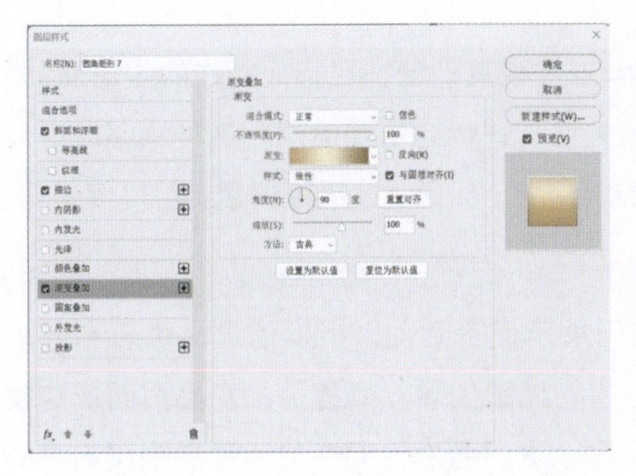
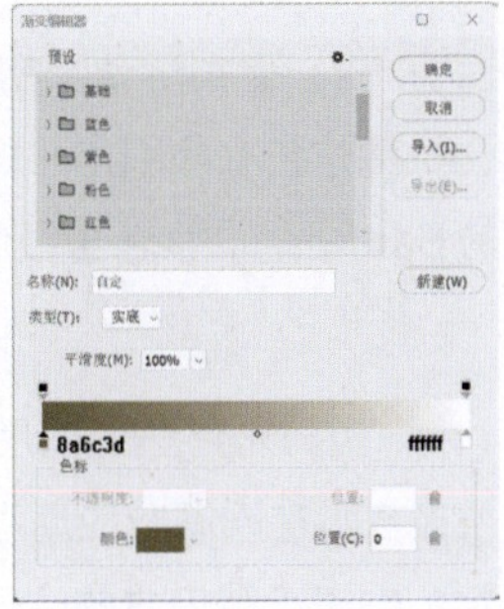

图8-147

23 导入“云朵”和“框”素材图片，摆放位置如图8-148所示。

24 选中下方的矩形黄色渐变图层，按快捷键Ctrl+J复制一层，并移至矩形黄色渐变图层的下方，调整渐变色，参数如图8-149所示。效果如图8-150所示。

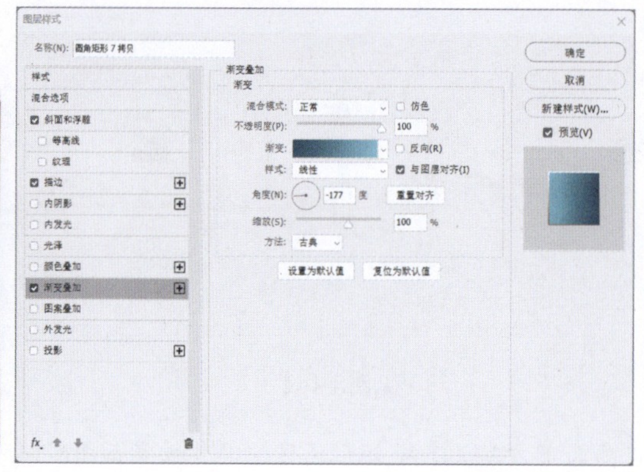

图8-148

图8-149

25 添加文字，最终如图8-151所示。

图8-150

图8-151

8.5.3 实战：Banner设计

Banner 设计指的是为广告、促销活动、品牌推广或其他营销目标而制作的图形设计。Banner 一般出现在网页或应用界面上，作为横幅广告来吸引用户的关注，并传达主要信息。这种横幅既可以是静态的，也可以是动态的（例如动画形式的 Banner），常包含图像、文字、标语、按钮等要素，用以传递广告或活动的具体内容。

1. 认识Banner设计

电商中的促销 Banner，指的是那些专门用于展示促销活动、折扣信息、优惠券或限时抢购等内容的广告图像。这些 Banner 通常被放置在网站或应用程序的显眼位置，如首页、商品页面或购物车页面，以便迅速抓住用户的视线。其主要目的在于吸引用户的注意力，进而激发他们参与活动或购买商品的欲望，从而有效提升销售额。

电商 Banner 的几个关键特点如下。

- 吸引力强：在设计上，Banner往往采用醒目的色彩搭配、清晰的文字表述以及大号字体，确保能够迅速吸引用户的注意。
- 简洁明了：它们会直接明了地传达促销信息，例如折扣幅度、优惠活动详情、时间限制等，避免使用过于复杂或晦涩的内容，确保信息一目了然。

- 营造紧迫感：通过运用如“限时抢购”“仅剩××件”“马上购买”等措辞，促销Banner能够营造出一种紧迫感，激励用户尽快做出购买决策。
- 品牌与活动一致性：Banner的设计会确保与电商平台的整体品牌形象保持一致，同时突出促销活动的核心信息，从而实现品牌与活动的有机融合。
- 适应性设计：为了满足不同用户的需求，促销Banner通常会采用自适应设计，确保无论在桌面设备还是手机上展示，都能够保持清晰有效，提供良好的用户体验。

2. 滚筒洗衣机Banner设计流程

使用 Banner 宣传的促销方式，不仅能提高用户参与度，还能有效增加转化率和销售额，是电商平台营销策略中不可或缺的一部分。具体的操作步骤如下。

01 启动Photoshop 2025，执行“文件”→“新建”命令，新建空白图像，参数设置如图8-152所示。

02 使用“矩形选框工具”在画面中定义一个矩形选区，填充颜色为dce3dd，如图8-153所示。

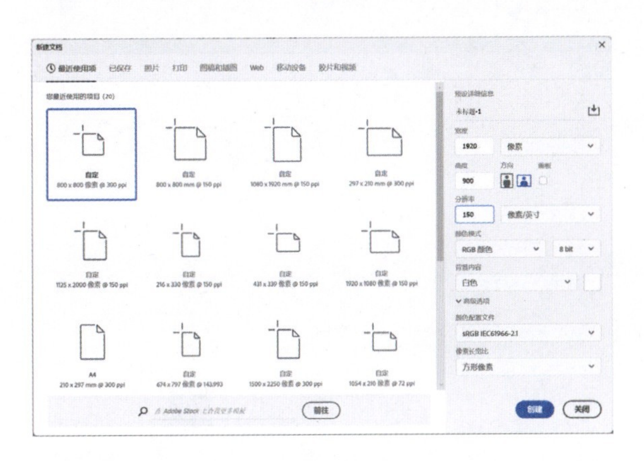

图8-152

图8-153

03 执行“窗口”→“上下文任务栏”命令，显示上下文任务栏，在“创成式填充”文本框中输入描述词：“大理石桌台”，如图8-154所示。

04 导入“叶子”素材图片，摆放位置如图8-155所示。

图8-154

图8-155

05 添加“投影”样式，参数设置如图8-156所示。效果如图8-157所示。

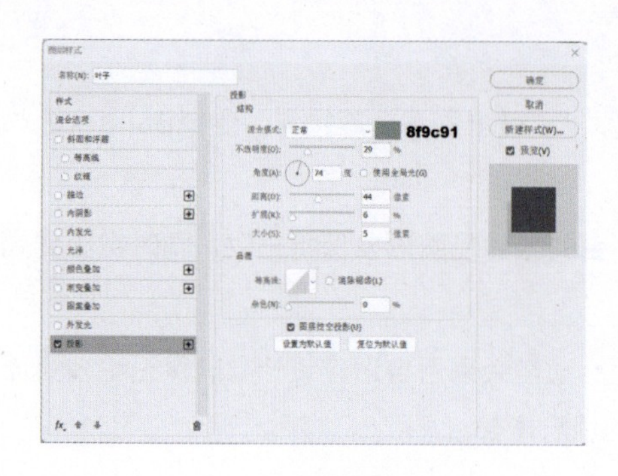

图8-156

图8-157

06 使用“矩形选框工具”定义选区，填充颜色为e1e1e1和ffffff，绘制一个立方体，如图8-158所示。

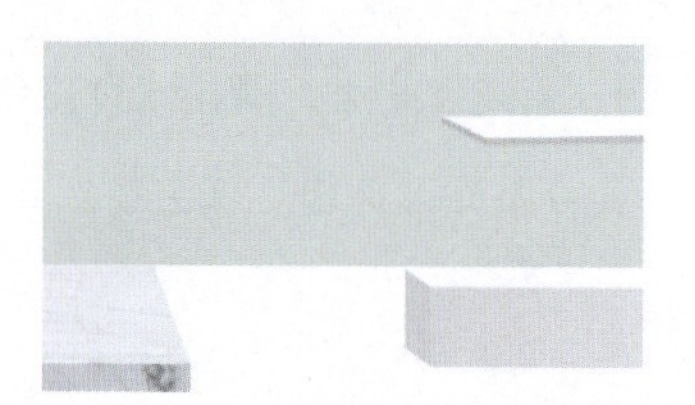

图8-158

07 为绘制的立方体添加阴影，参数设置如图8-159所示。

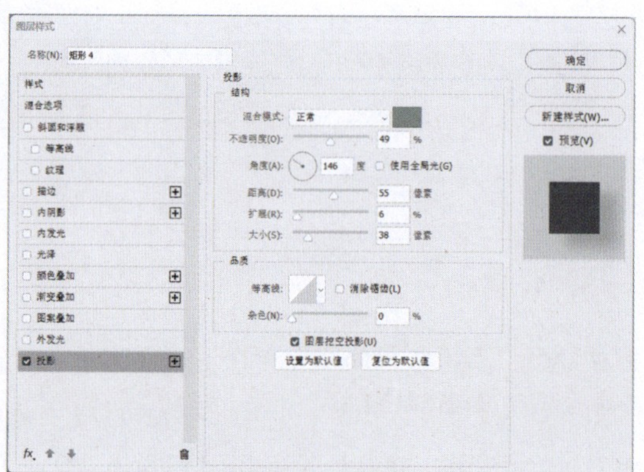

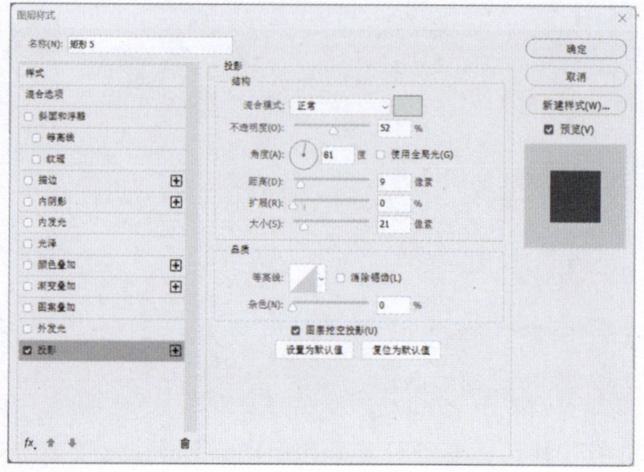

图8-159

08 导入“洗衣机”素材图片，如图8-160所示。在洗衣机图层下方新建图层，使用“椭圆选框工具”框选投影的位置，并填充为黑色，执行“滤镜”→“模糊”→“高斯模糊”命令，在弹出的对话框中设置“半径”为10像素，单击“确定”按钮。

图8-160

09 将“图层不透明度”值设为70%，如图8-161所示。

图8-161

10 使用“矩形选框工具”在画面中依次框选出盆栽的区域，如图8-162所示。在上下文任务栏的“创成式填充”文本框中输入描述词：“白色的花盆，绿色的植物”，生成的图像效果如图8-163所示。

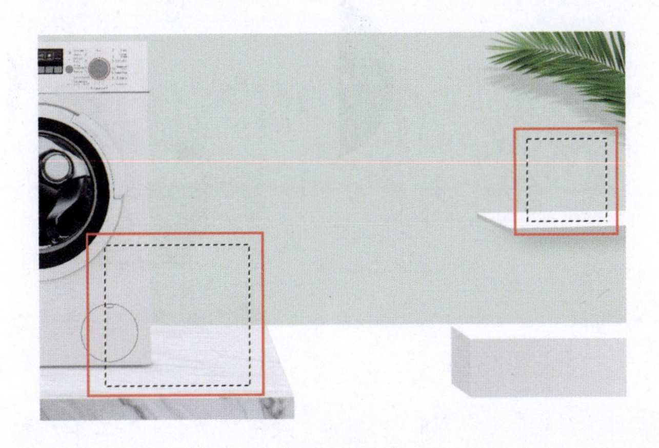

图8-162

图8-163

11 使用“矩形选框工具”在画面中框选出篮子的位置，如图8-164所示。在“创成式填充”文本框中输入描述词：“小篮子，里面装着毛巾”，生成的图片效果如图8-165所示。

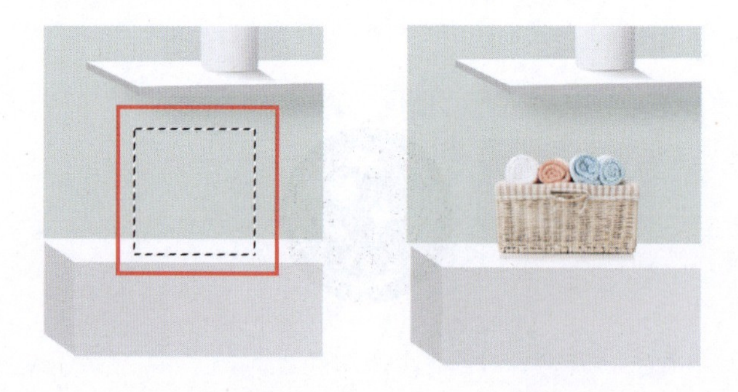

图8-164　　图8-165

12 使用“矩形选框工具”在画面中框选篮子的位置，如图8-166所示。在“创成式填充”文本框中输入描述词：“装衣服的篮子，里面有各种衣服，毛巾等”，生成的图片效果如图8-167所示。

图8-166

图8-167

13 导入“龟背竹”图片素材，摆放位置如图8-168所示。使用“横排文字工具”T，输入文字并设置颜色为44831b，大号文字为67号，小号文字为15号，字体为“Adobe 黑体 Std”，如图8-169所示。

图8-168

图8-169

14 使用“直线工具”在文字下方画出一条直线，如图8-170所示。

15 使用“矩形选框工具”定义一个矩形选区，在矩形中输入文字，设置字体为“思源黑体”，大小为21，如图8-171所示。

图8-170

图8-171

16 添加上英文，最终效果如图8-172所示。

图8-172